普通高等学校"十四五"规划电子信息类专业特色教材
反导预警系列丛书

Principles and Applications of Space Object Surveillance

空间目标监视原理及应用

黄晓斌　肖　锐　刘俊凯　张　燕　编　著
马晓岩　主　审

编　委　刘建勋　孟藏珍　杨　军　李　浩
　　　　鲁　力　袁俊泉　刘太阳　石斌斌

华中科技大学出版社
http://press.hust.edu.cn
中国·武汉

内 容 简 介

本书全面介绍了相控阵雷达在空间目标监视领域的应用及相关理论,内容涵盖时空基准、卫星轨道运动、雷达探测、轨道预报与确定以及空间目标编目等方面,并概述了当前空间目标监视系统的现状。本书在第 3、4、5、6 章中结合了 STK、ODTK 等轨道仿真软件,编写了丰富的仿真用例,以便读者对相关理论知识进行实践操作和初步研究。

本书既可作为电子信息相关专业本科生教材,又可作为航天轨道动力学、导航学等相关学科领域高校师生的参考书。

图书在版编目(CIP)数据

空间目标监视原理及应用 / 黄晓斌等编著. -- 武汉 : 华中科技大学出版社,2025.4. -- ISBN 978 -7-5772-1780-2

Ⅰ. TN953

中国国家版本馆 CIP 数据核字第 2025QD8051 号

空间目标监视原理及应用　　　　　　　　　黄晓斌　肖　锐　刘俊凯　张　燕　编著
Kongjian Mubiao Jianshi Yuanli ji Yingyong

策划编辑:王汉江

责任编辑:刘艳花

封面设计:原色设计

责任校对:刘小雨

责任监印:曾　婷

出版发行:华中科技大学出版社(中国·武汉)　　　电话:(027)81321913
　　　　　武汉市东湖新技术开发区华工科技园　　　邮编:430223

录　　排:武汉市洪山区佳年华文印部

印　　刷:武汉市籍缘印刷厂

开　　本:787mm×1092mm　1/16

印　　张:10.5

字　　数:236 千字

版　　次:2025 年 4 月第 1 版第 1 次印刷

定　　价:58.00 元

本书若有印装质量问题,请向出版社营销中心调换

全国免费服务热线:400-6679-118　竭诚为您服务

前　言

在本书编纂过程中,坚持传承经典与创新发展并重,全面且深入地探讨了相控阵雷达在空间目标监视领域的多个关键环节,包括时空基准的建立、卫星轨道运动的解析、雷达探测技术的实施、轨道预报与确定的精准方法以及空间目标编目的有效策略等。为了增强理论与实践结合,本书还精心设计了多个仿真用例,使得内容丰富、新颖,既有理论深度,又贴近实际应用。

从相控阵雷达空间目标探测的独特视角出发,本书详细阐述了航天轨道动力学的基础理论及其在现代仿真技术中的应用。因此,它既可以作为电子信息相关专业本科生教材,又可作为航天轨道动力学、导航学等相关学科领域高校师生的参考书。

本书共 6 章,涵盖了四个主要方面的教学内容。首先,全面概述空间目标监视系统,为读者构建清晰宏观的认知图景。其次,深入解析航天器轨道运动的基本概念和时空系统,为学习奠定坚实基础。再次,详细阐述航天器的运动原理,包括轨道根数、二体运动、摄动因素及轨道机动等要点,为读者提供全面的理论指导。最后,系统介绍相控阵雷达在空间目标探测、定轨和编目中的应用理论,这部分内容是雷达空间目标监视的重要知识。本书具体章节内容安排如下。

第 1 章:概述。本章首先深入浅出地阐释了空间目标与轨道的基本概念,为读者搭建了一个扎实的概念体系。接着,对空间目标监视系统进行了概要介绍,阐述了其在现代空间探测中的重要地位和作用。最后,还向读者推荐了几个常用的轨道仿真软件,为后续的深入学习和实践应用提供了有力工具。

第 2 章:时间系统与坐标系统。时间系统和坐标系统是研究卫星运动的基础。本章详细阐述了各种时间系统和坐标系统的定义及其转换关系,为读者提供了全面且深入的理解思路。通过本章的学习,读者能够熟练掌握这些基本概念,为后续章节的学习打下坚实基础。

第 3 章:轨道运动原理。本章从二体运动、轨道摄动和轨道机动三个方面对航天器的轨道运动原理进行了初步研究。内容涵盖了开普勒轨道根数、二体运动特性、摄动因素、轨道机动等重要概念。同时,利用 STK 软件进行了卫星目标的仿真分析,直观地展示了摄动因素对轨道的影响。这些内容为后续章节中雷达探测的研究提供了重要依据。

第 4 章:相控阵雷达空间目标探测。相控阵雷达在空间目标监视中发挥着重要作用。本章首先讨论了典型的空间目标探测工作模式、资源管理以及雷达任务的自适应调度算法等基本理论。接着,详细介绍了相控阵雷达在空间目标探测与跟踪方面的应用方法。最后,通过设计仿真用例,使用 STK 软件对空间目标探测相控阵雷达进行了仿真建模,并利用前一章的卫星轨道仿真数据对雷达的探测性能进行了深入研究和分析。

第 5 章:相控阵雷达轨道预报与确定。轨道预报与确定是空间目标监视中的关键环节。本章首先介绍了轨道预报的基本模型和方法,为读者提供了全面的理论知识。接着,详细讲解了初轨计算的几种典型算法以及轨道改进的基本原理和算法。最后,通过设计仿真用例,利用 ODTK 软件对前一章的雷达探测数据进行了定轨分析,验证了相关算法的有效性和准确性。

第 6 章:相控阵雷达空间目标编目。空间目标编目是空间探测领域的重要任务之一。本章在详细讲解空间目标编目基本概念的基础上,介绍了常用的编目数据库以及空间目标编目和轨道匹配的基本流程。同时,通过设计仿真用例,深入研究了基于编目数据库和轨道匹配准则的空间目标识别问题。这些内容为读者提供了全面的空间目标编目知识和实践指导。

本书第 1、2、5、6 章由黄晓斌编写,第 3 章由肖锐与黄晓斌共同编写,第 4 章由刘俊凯和黄晓斌共同编写。在此过程中,张燕、刘建勋、孟藏珍等多位同仁对第 1 章的内容贡献了自己的力量,并承担了本书的统稿和编排重任。我们深感团队协作的重要性,并对每一位参与者的辛勤付出表示由衷的感谢。

马晓岩教授作为本书的主审专家,凭借其深厚的学术功底和严谨的治学态度,对全书进行了逐字逐句的审慎审阅。他提出的宝贵意见既高瞻远瞩又切中要害,为本书的修改与完善提供了明确的方向。在此,对马晓岩教授表示最深的感谢与崇高的敬意!

尽管编写团队在本书编写过程中力求尽善尽美,但鉴于学识与水平的限制,书中难免存在疏漏与不当之处,恳请广大读者在阅读时慷慨赐教,提出宝贵的批评与建议,以便我们在未来能够进行更为精准的修订与不断的提高。

编　者

2025 年 3 月

CONTENTS

目 录

第1章

概述

随着全球太空资源开发热潮的进一步高涨和未来太空作战趋势的加剧,地球外层空间正逐步变成新的军事斗争领域。在这种新的军事斗争形势中,空间目标监视系统起着基础性和关键性的作用。围绕轨道资源展开的军事对抗是太空作战的重要内容。本章首先讲解空间目标与轨道的基本概念,然后介绍空间目标监视系统,最后介绍几个常用的轨道仿真软件。

1.1　空间目标与轨道

本节主要围绕空间目标与轨道展开,首先界定了空间与空间目标的基本概念,然后探讨了轨道的定义,分析了轨道作为空间物体运动路径的独特特点,为后续章节探讨相控阵雷达在空间目标监视中的应用奠定基础。

1.1.1　空间与空间目标

空间是指地球大气层之外的区域,空间目标监视和"空间"密不可分,也离不开空间的资源。在航天器问世之前,人们把地球表面以上的整个三维空间统称为空中,这个空中向上是无限的、无缝衔接的。人类在探索太空的活动中,尤其是航天器问世后,为便于区分,根据不同飞行器类型,按照其活动高度,将地球表面以上的空间划分为航空空间与航天空间,大气层内的空间称为航空空间,也就是空;大气层之外的空间称为航天空间,也就是天。

从大气层往外算起,广义上的空间又可以分为太阳系以内的空间和太阳系以外的空间;太阳系以内的空间可分为行星空间和行星际空间。行星空间是指相对太阳引力,行星引力起主要作用的范围(如地球空间、火星空间等);行星际空间是指太阳系行星之间(除行星空间外)的空间。太阳系以外的空间可分为恒星际空间、恒星系空间和星系际空间等。

以人类目前的航天技术水平,绝大多数航天活动都存在于地球空间。因此,通常所说的空间都是指地球空间,即从地球的稠密大气层之外一直到距离地面 930000 km 的范围,930000 km 是地球引力能够占主导作用的空间范围边界。

在地球引力占主导作用的范围内,空间又分为近地空间和远地空间。近地空间为地表以上 100~40000 km,是绝大多数航天器运行的空间。远地空间为地表以上 40000~930000 km,其上限是地球引力占主导作用的范围上界。

空间的下界通常以卫星无动力飞行一到两天为标准定义,因此,通常将离地面 100 km 的高度作为空间的下界。在近地空间和传统划分的领空之间的区域称为临近空间。空间的分层结构如表 1-1 所示。从下往上大致可以分为领空、临近空间、近地空间、远地空间和行星际空间五个部分。

表 1-1　空间的分层结构

名　　称	高度范围/km	主要航天器
领空	0~20	飞机
临近空间	20~100	超高速飞行器、高空漂浮平台、高空无人机、平流层飞艇
近地空间	100~40000	卫星、空间站、战略导弹
远地空间	40000~930000	深空探测器
行星际空间	930000 以上	星际探测器

空间目标主要指卫星,包括在役卫星和退役卫星,也包括各种空间碎片,进入地球外层空间的各种宇宙飞行物以及深空天体等。本书研究的对象主要为卫星。

空间目标是太空探索和利用中最为重要的研究对象之一。了解它们的特征和运动轨迹有助于我们更好地了解太空环境,进行有效的探索和利用。

空间目标的轨道分布呈现出明显的不均匀性,主要集中在三个特定的轨道区域:300~1000 km(低地球轨道,LEO),20000 km 附近(中地球轨道,MEO),36000 km(地球同步轨道,GEO)。

1. 低轨道目标分布

低轨道目标即轨道高度低于 1000 km 的空间目标,是空间目标的主体部分。这些目标主要分布在 300~1000 km 的范围内,是监视和管理的重点。它们通常采用偏心率接近 0 的近圆轨道,并且大多数运行在倾角大于一定度数(如 25°或更高,具体取决于应用需求)的轨道上。

2. 中轨道目标分布

中轨道目标是指轨道高度在 1000~20000 km 的空间目标。这类目标包括:大倾角的导航卫星(如 GPS、GLONASS 等),它们提供全球定位服务;低倾角的地球同步转移轨道目标,这些轨道是将卫星从低地球轨道转移到地球同步轨道的过渡轨道;一些通信卫星和其他类型的空间目标。

3. 高轨道目标分布

高轨道目标即轨道高度在地球同步轨道附近或更高的空间目标。在这些目标中,地球同步卫星(主要是通信卫星)占据了主导地位。地球同步轨道位于赤道上方约 35786 km 的高度,但由于摄动等因素,实际运行中的同步卫星可能在这个高度附近有一定的偏差。此外,还存在一些被废弃的同步卫星,它们被放置在特定的"垃圾轨道"或"墓地轨道"上,以避免干扰在用的同步卫星。这些"垃圾轨道"通常位于同步轨道附近但稍高的高度范围内。几乎所有高轨道目标都采用偏心率接近 0 的近圆轨道。对于在用的受控卫星,其轨道倾角通常保持在接近 0°的范围内(以实现地球同步);其余目标可能在倾角 0°~15°之间做周期性的漂移或"8"字形运动(这取决于具体的轨道摄动和控制策略)。

1.1.2　轨道的概念

什么是航天器的轨道?我们可以把它理解成类似汽车的跑道或者是火车的铁轨,不同的是它并非由钢筋水泥构建,而是构建在万有引力、能量守恒定律等基本物理规律上。在不施加外部作用力的情况下,航天器只能沿着固定的轨道运行。因此,通过轨道的概念可以理解和预知几乎所有航天器的运动规律。理论上,只要知道航天器的位置、质量和速度,同时知道地球的重力场属性,就可以预测任意时刻该航天器的位置、速度等信息。本书中所描述的轨道特指绕地球运行的卫星等航天器在空间中形成的周期性重复的轨迹,即航天器运行时质心运动的轨迹。

先用一个简单例子来理解轨道的概念,假设我们手里拿着一个棒球,走到一座高山上,沿水平方向击打棒球,那么棒球必然会沿着一条曲线运动并最终落地。为什么会沿着曲线运动呢?这是由于击球的力量使棒球往前飞,但重力却把它往下拉,综合作用的结果就是棒球轨迹成为一条曲线。卫星轨道形成示意图如图 1-1 所示。

如果初始的水平速度为 0 km/s,即不击打棒球,那么棒球会垂直落到地面,这是最简单的情况;随着初始水平速度增大,棒球在落地之前的飞行距离也越来越远;假如初始的水平速度足够大,那么它的路线将和地球表面曲线一致,在不考虑空气阻力的情况下,棒球将以相对地面固定的高度围绕地球运动,永远不会落下。

事实上,对位于地球表面上的物体,能够产生这种圆形轨迹的初始速度只有一个,即第一宇宙速度。一般常用的宇宙速度有以下三个。

第一宇宙速度:又称环绕速度,是指物体刚好能够紧贴地球表面做圆周运动的速度,也是人造地球卫星的最小发射速度和最大环绕速度,大小为 7.9 km/s。

第二宇宙速度:又称脱离速度,是指物体摆脱地球引力、脱离地球所需的最小初始速度,大小为 11.2 km/s。

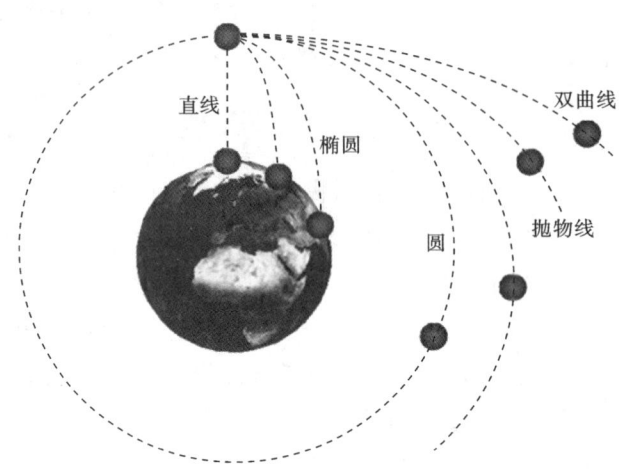

图 1-1　卫星轨道形成示意图

第三宇宙速度：又称逃逸速度，是指在地球上发射的物体摆脱太阳引力束缚、脱离太阳系所需的最小初始速度，大小为 16.7 km/s。

给棒球不同的初始速度，便会形成不同的轨道形状。

（1）当棒球的初始速度低于第一宇宙速度时，棒球就会在地球引力下逐渐靠近地球，最终落回地球表面，此时棒球运动轨道是椭圆的一部分。

（2）当棒球的初始速度等于第一宇宙速度时，它受到的地球引力刚好可以提供它做圆周运动的向心力，棒球不会因引力而坠落到地球表面，但也无法摆脱地球引力离开地球，于是便在固定高度的圆形轨道上不停地做圆周运动。

（3）当棒球的初始速度处于第一宇宙速度和第二宇宙速度之间时，棒球不再维持圆周运动，但仍旧无法摆脱地球引力而离开地球，此时它将沿一个椭圆轨道做周期性运动。

（4）当棒球的初始速度达到第二宇宙速度或者更高的时候，产生的轨迹是抛物线和双曲线，此时棒球会彻底摆脱地球引力，远离地球而去；如果这个初始速度小于第三宇宙速度，那么棒球最终会成为太阳的卫星，如果初始速度大于第三宇宙速度，那么棒球最终将飞离太阳系。

无论给棒球多大的初始速度，它的运动轨迹始终为圆、椭圆、抛物线或双曲线这四种之一（初始速度为 0 时除外），事实上这四种曲线属于同一类，即圆锥曲线。

圆锥曲线的统一定义：到定点的距离与到定直线的距离的比 e 为常数的点的集合。如果从几何的角度来直观地理解圆锥曲线，可以用一个平面去截取一个双圆锥面，如图 1-2 所示，得到的相交面的轮廓线就是圆锥曲线。不同的截取方式会得到不同的圆锥曲线。

（1）当平面只与双圆锥面一侧相交，不过圆锥顶点，且与双圆锥面的中心对称轴垂直时，结果为圆。

（2）当平面只与双圆锥面一侧相交，不过圆锥顶点，且与双圆锥面的中心对称轴不垂直时，结果为椭圆。

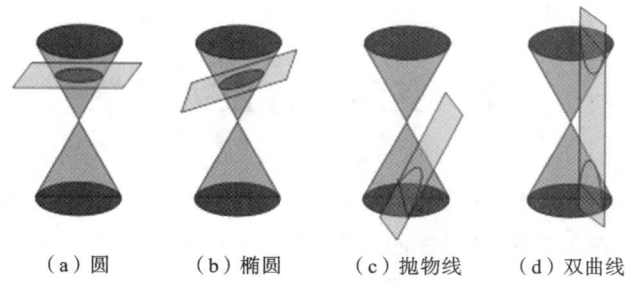

　　　　（a）圆　　　　（b）椭圆　　　　（c）抛物线　　　　（d）双曲线

图 1-2　圆锥曲线示意图

　　（3）当平面与双圆锥面的母线平行,且不过圆锥顶点时,结果为抛物线。

　　（4）当平面与双圆锥面的两侧都相交,且不过圆锥顶点时,结果为双曲线。

　　这些约束棒球运动的圆锥曲线实际上就是通常所说的轨道的形状。当然,实际中的轨道并不是这么简单的圆锥曲线,因为在航天器的实际运动中,除了受到地球引力作用外,还受到大气阻力、其他天体引力、发动机推力、太阳光压等多种因素的影响,使得航天器的实际运动轨道变得不规则,不是严格按照标准的椭圆曲线运动。这些将在本书的后续章节深入讲解。

1.1.3　轨道的特点

　　航天器在空间中沿轨道周期性运动,具有与航空目标截然不同的运动特性。

　　1. 无动力飞行

　　航天器在轨道上可以靠惯性飞行,不需要施加任何动力。当然,有些航天器根据任务需要会携带推进剂,定期对轨道进行调整,以对抗大气阻力的影响。航天器用于轨道调整的推进剂用完后,还可以在轨道上继续运行,只是某些轨道特性会缓慢地发生变化。

　　2. 轨道平面过地心

　　地球引力是维持航天器轨道运行的中心引力,在没有其他动力的情况下,航天器只能沿着以地球质心为焦点的椭圆轨道(圆轨道是椭圆轨道的特例)运行。

　　3. 轨道不易改变

　　在二体问题的假设下,如果地球被简化为一个质点且不考虑其他外部作用力,航天器的轨道将保持不变。但实际上,由于地球并非匀质球体且存在多种外部作用力,如大气阻力和太阳光压等,因此真实轨道在惯性空间中会发生微小变化。

　　4. 轨道越高,速度越低

　　卫星的向心力等于万有引力,轨道越高,重力势能越大,速度越小。$300 \sim 2000 \ \mathrm{km}$ 高度的圆轨道航天器绕地球一周大约需要 $90 \sim 120 \ \mathrm{min}$,运行速度为 $6.9 \sim 7.8 \ \mathrm{km/s}$;$20000 \ \mathrm{km}$ 的航天器绕地球一周大约需要 $12 \ \mathrm{h}$,运行速度约为 $3.9 \ \mathrm{km/s}$;$36000 \ \mathrm{km}$ 高度的航天器绕地球一周大约需要 $24 \ \mathrm{h}$,运行速度约为 $3.1 \ \mathrm{km/s}$。

1.2 空间目标监视系统

随着越来越多的国家拥有进入空间和利用空间的能力,空间变得日益拥挤、更加具有竞争性和对抗性,感知空间态势进而控制空间成为一些大国追求的目标。空间目标监视是争夺空间"高边疆"的前提,只有具备较强的空间态势感知能力,才能确保后续空间攻防行动有效开展。空间目标监视系统是监视他国空间资产、空间活动、空间碎片,进而实现空间态势感知的重要基础,其能力水平直接制约着空间对抗能力的发挥。

1.2.1 定义

空间目标监视系统也称空间监视系统,是对人造天体向空间进入、在空间运行及离开空间的过程进行监视,以获取其轨道、功能和状态信息的国家战略信息获取系统。

1.2.2 任务与功能

空间目标监视系统具有重要的军民两用价值。在民用方面,其主要作用是保障航天器安全和判断航天器故障。在军用方面,该系统可以帮助确定潜在敌方的空间能力,为空间对抗等军事航天活动提供支持。空间目标监视系统的主要任务如下。

(1) 维持空间目标编目,及时发现新的发射,监视已有目标的轨道机动、陨落及解体情况等。

(2) 进行空间目标识别,评估任务载荷,分析威胁程度。

(3) 实施空间控制支持,监督空间控制有关条约的执行情况,提供卫星攻击预警及反卫星支持服务。

(4) 对重要航天器提供碰撞规避支持。

1.2.3 系统组成

空间目标监视系统由空间目标监视中心(Space Surveillance Center,SSC)、空间目标监视网(Space Surveillance Network,SSN)、时统、通信辅助系统组成,如图 1-3 所示,并由专门的管理机构(指挥控制中心)负责其建设、管理和使用。

1. 空间目标监视网

空间目标监视包括地基空间目标监视和天基空间目标监视两种手段。地基空间目标监视采用由各种雷达测量设备、光电测量设备、红外测量设备等组成的监视网,对空间目标进行探测和跟踪。受传感器分辨率、地理位置和气象条件等限制,地基空间目标监

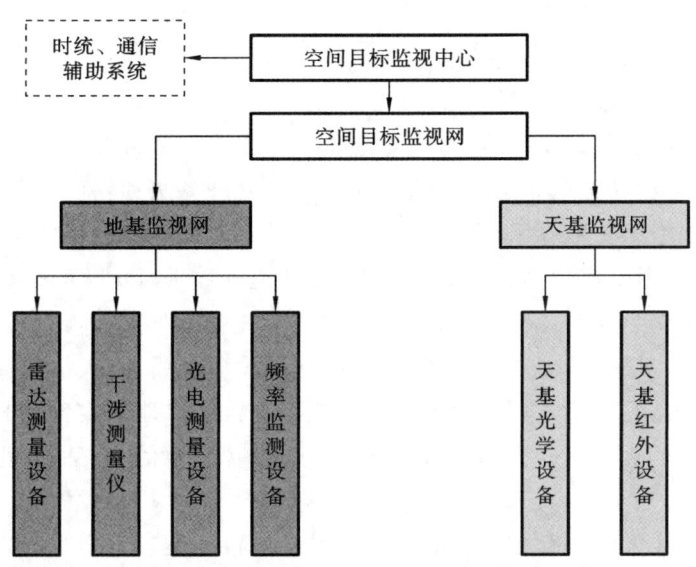

图 1-3　空间目标监视系统组成示意图

视在监测性能、范围、时效性等方面还存在诸多局限。

　　天基空间目标监视指通过空间平台上的测量装置,对目标进行探测、跟踪和识别。与地基空间目标监视相比,天基空间目标监视机动、灵活、范围广、不受疆域和气象限制、可近距离详测,有效弥补地基空间目标监视的不足。

2. 空间目标监视中心

　　空间目标监视中心是空间目标监视系统的核心,其工作以空间目标数据库为中心展开,对各观测设备进行任务计划、跟踪数据处理、轨道确定、目标识别,同时又以空间目标数据库为终结,将数据处理的结果存入数据库,其工作流程示意图如图 1-4 所示。

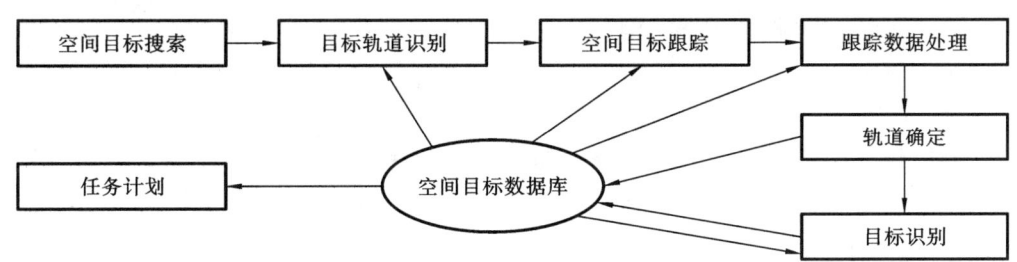

图 1-4　空间目标监视中心工作流程示意图

　　空间目标搜索:主要目标是发现空间中的目标,这一步通常涉及使用望远镜、雷达等设备进行观测和数据收集,获取目标的特征和位置信息。

　　目标轨道识别:在确定了目标物体的位置后,需要进一步识别其轨道,即了解目标的运动轨迹和方向。这一步通常需要利用物理定律和数学模型,对目标物体的运动状态进行建模和预测。

空间目标跟踪:在确定了目标物体的轨道后,需要对其进行持续跟踪,以确保能够准确获取其位置和运动状态信息。这一步通常涉及使用高精度跟踪设备和技术,如光学跟踪、雷达跟踪等。

跟踪数据处理:对跟踪设备收集到的数据进行处理和分析,以提取出目标物体的位置、速度、加速度等运动参数。这一步通常涉及数据处理算法和软件的开发和应用。

轨道确定:根据跟踪数据和目标物体的运动状态信息,进一步精确确定轨道参数。这一步通常需要利用轨道力学和统计学原理,对轨道参数进行优化和估计。

任务计划:在整个任务过程中,需要进行详细的任务计划和资源调度,以确保任务能够按时、按质完成。任务计划需要考虑各种因素,如设备可用性、人员配置、时间安排等。

空间目标数据库:为了方便管理和使用目标数据,需要建立空间目标数据库。该数据库应包含目标物体的轨道参数、物理特征、观测数据等信息,以便进行数据检索和分析。

目标识别:在搜索和跟踪中,需对目标物体识别和分类。可通过比对数据库中已知特征实现,或利用机器学习和模式识别自动分类识别。

在整个空间目标监视任务中,各步骤相互配合,形成了一个高效、连贯的工作流程。首先,通过空间目标搜索发现并识别目标物体,这一信息立即被用于初步确定其可能的轨道。接着,目标轨道识别结果指导空间目标跟踪过程,确保了持续、准确的观测。在跟踪过程中,收集的数据实时传输给跟踪数据处理系统,进行快速分析和处理,以提取出目标物体的精确运动参数。同时,任务计划根据当前任务进度和资源状况进行动态调整,确保了任务的高效执行。最后,将目标识别和轨道确定结果整合到空间目标数据库中,为后续任务提供了宝贵的数据参考和经验支持。这个相互配合的工作流程确保了整个监视任务的顺利进行,提高了任务的成功率和效率。

1.2.4 国外发展现状与趋势

1. 美国

美国已建成遍布全球、天地一体的空间目标监视系统,并正在进行更新换代,以实现覆盖全轨道高度的空间目标监视能力。目前,美国空间目标监视网可探测的目标直径:低轨为 1 cm,地球同步轨道为 10 cm。

在地基方面,美国建立了由 30 多部地基光学探测系统、无源射频信号探测系统、雷达探测系统、指挥控制中心组成的地基监视网,拥有对大部分空间目标进行编目管理的能力,但还不具备在任何时候对所有空间目标进行持续监视的能力。

美国在加强地基空间目标监视系统的同时,正在加紧建设天基空间态势感知系统。一是发展大型天基空间监视系统。2010 年 9 月,美军发射了"天基太空监视系统"(Space Based Surveillance System,SBSS)首颗"探路者"卫星,并于 2013 年 4 月正式服役。二是发展小卫星用于空间监视。美国已发射两颗"凝视"纳卫星,计划构建由 18 颗纳卫星组成的卫星星座,提高空间目标定位的精度。2017 年 8 月,发射了"作战响应空间"(Operationally Responsive Space,ORS)空间目标监视小卫星 ORS-5,提供地球同步轨道目标监视能力,补充美军空间监视能力潜在缺口。三是发展对地球同步轨道目标抵近侦察。2014 年 7 月,美军发射 2 颗"地球同步轨道空间态势感知计划"(Geosynchronous Space Situational Awareness Program,GSSAP)卫星,该卫星具备较强的机动变轨能力,可按需抵近地球同步轨道目标,绕目标飞行,对目标进行详细的光学和电子侦察。

2. 俄罗斯

俄罗斯空间目标监视系统是伴随着其弹道导弹预警系统的建设而发展起来的系统,主要以地基系统为主,包括地基雷达和光学、光电探测器,与空间监视中心共同构成外空监视系统,由俄罗斯航天部队掌管。俄罗斯空间监视网每天能生成 5 万条左右的观测数据,维持 8500 个目标的编目,其中大部分为低轨目标。俄罗斯空间监视系统目前主要受制于两个因素:一是没有形成覆盖全球的网络,监视的对象大部分为低轨目标,还无法达到对空域、时域的无缝覆盖,受地理位置分布局限,无法探测和跟踪低轨道倾角和西半球的空间目标;二是苏联解体后,俄罗斯需要租用部署在其邻国境内的空间目标监视系统。

俄罗斯用于空间监视的雷达包括:部署在摩尔曼斯克、伊尔库斯克和哈萨克斯坦巴尔喀什的"第聂伯河"电扫描米波雷达;在伯朝拉和阿塞拜疆明盖恰乌尔的"达利亚尔河"相控阵米波雷达;在白俄罗斯巴拉诺维奇的"伏尔加河"连续波相控阵分米波雷达、"沃罗涅日"-DM 米波雷达和"顿河"-2N 相控阵厘米波雷达。其中,"伏尔加河"雷达自 2002 年开始部署,其跟踪精度高,能发现和监测数千千米外的弹道导弹和空间目标,抗干扰能力强。"沃罗涅日"-DM 米波雷达是俄罗斯最新研制的超大型相控阵雷达系统,自 2005 年开始部署,能跟踪、识别 4800 km 外的空间目标,有效应对高速目标,且能在恶劣条件下运行,是俄罗斯新一代主力预警装备。

俄罗斯最先进的光学空间监视系统是位于塔吉克斯坦境内的"窗口"-M 系统,该系统为有源光电空间监视与跟踪设施。2015 年 7 月,俄罗斯首套"窗口"-M 地基光电空间监视系统具备完全运行能力。该系统可识别轨道高度 2000~40000 km 的航天器,与地基雷达配合,能使俄军空间监视能力覆盖目前所有航天器的运行轨道,空间监视能力增强 4 倍。俄罗斯还计划再建设超过 10 套"窗口"-M 系统,部署在阿尔泰以及滨海边疆地区,为俄罗斯未来遂行空间信息对抗和空间攻防活动提供重要支撑。

3. 欧洲

欧洲主要国家部署了各自分立的地基雷达、光电空间目标监视系统,如法国的"格拉夫"系统、舰载"蒙日"系统,德国的跟踪成像雷达系统,英国的被动成像测量望远镜等。另外,欧洲的自动转移飞行器也能配备光学传感器执行天基空间目标监视任务。

欧洲空间目标监视系统一直缺乏整体规划,目前由各国的国防部门分别管理,没有实现联网运行,在布局和协同工作方面都缺乏统一规划,在空间覆盖上存在缺口,在能力上存在不足,使得欧洲主要依赖美国空间监视网获取空间监视相关信息。

1.2.5 典型空间目标监视雷达简介

雷达以其固有特点,在空间目标探测技术发展中起着重要作用,它实时性强、探测信息丰富,可以全天候、全天时对空间目标进行探测、识别和编目。下面介绍几款国外典型的空间目标监视雷达。

1. AN/FPS-85 雷达

AN/FPS-85 雷达建成于 20 世纪 60 年代末,是世界上最早的有源相控阵雷达,部署于美国佛罗里达州埃格林空军基地,最初用于探测潜射弹道导弹。1987 年,随着"铺路爪"雷达的投入使用,AN/FPS-85 雷达成为专用空间探测雷达,主要任务是探测、跟踪、识别编目卫星和空间碎片,是美国空间监视系统的重要组成部分。

1)雷达典型参数

AN/FPS-85 雷达采用收发天线分置方式,天线阵面倾斜 45°,阵面法线指向正南,俯仰覆盖 0°~105°,方位覆盖 120°,如图 1-5 所示。AN/FPS-85 雷达发射天线为矩形阵列,共有 5184 个发射组件[1];接收天线为密度加权阵列,直径 58m,共包含 19500 个交叉偶极子阵元分布于方形网格上,形成直径上具有 152 个阵元的圆孔径,共有 4660 个有源接收组件,接收波束 0.8°。该雷达采用 3×3 接收波束簇,每个波束间隔 0.4°,形成 1 dB 的交叠,从而实现较低的波束赋形损失,联合波束宽度为 1.6°,搜索模式使用 9 个波束,跟踪模式只使用 5 个波束。

图 1-5 AN/FPS-85 雷达

AN/FPS-85 雷达典型工作参数[2] 如表 1-2 所示。

表 1-2 AN/FPS-85 雷达典型工作参数

最大作用距离	7000 km(RCS＝1 m², SNR＝20 dB, Pf＝10^{-6}, Pd＝0.9)	
工作频率	442 MHz	
同时跟踪目标数	200	
测量精度	测距精度:≤20 m	
	测角精度:≤0.1°	
发射分系统	阵面尺寸:26.9 m×26.9 m 方形阵面	
	阵子个数:5184	
	发射功率:峰值功率 32 MW / 平均功率 400 kW	
	天线增益:40 dB	
	波束宽度:1.4°	
	脉冲重复频率:20 Hz(远距离监视模式)	
	脉冲宽度/μs:1、5、10、25、125、250(远距离监视模式)	
	冷却方式:风冷	
接收分系统	阵面尺寸:直径 58 m 八棱形阵面	
	阵子个数:19500	
	天线增益:46 dB	
	波束宽度:0.8°	
	中频频率:100 MHz	
	接收机带宽:10 MHz	
	移相器:7 位	

2）雷达基本工作情况

AN/FPS-85 雷达的首要任务是对空间目标监视、搜索和跟踪。为了增强对小碎片的探测能力,该雷达在 1999 年进行了软件升级,在原有的 S1"篱笆"的基础上增加了新的碎片"篱笆",新的碎片"篱笆"方位覆盖 155°～205°,在仰角 35°处扫描,该配置可以对更小的碎片进行探测[3]。

AN/FPS-85 雷达有多个监视篱笆可供雷达操作手设立,下面以 Sl 篱笆和新的碎片篱笆为例介绍雷达的工作流程。当雷达在监视模式或者搜索模式检测到目标时,紧接着执行确认过程,判别是否检测到实际目标。通过确认过程可以减少对虚假航迹的处理时间,核实目标的存在并初始化跟踪所需的相应动作。根据雷达设定的优先级和工作模式,系统响应对应的几个事件。通常,雷达可以选择跟踪兴趣目标并获取测量值,若目标为非兴趣目标,则放弃跟踪。

下面针对 S1 篱笆和新的碎片篱笆对非关联目标(Uncorrelated Target,UCT)的检测问题,介绍雷达的操作处理流程[4]。

（1）当检测经确认后(由 S1 或碎片篱笆完成),通过采集的几个回波脉冲生成初始观测。如果该处理判定目标为非关联目标，则雷达提高信噪比，直到获取质量良好的观测；若未获得，则删除该航迹。获得特征观测后可用于计算初始轨道根数，同时，采取多种检验手段来最小化虚假航迹的数量，通常情况下速度检测是最可靠的。如果非关联目标为兴趣目标，则给该目标分配卫星识别编号（SID）。

（2）之后的第二次、第三次观测采集对应几个地心角度的数据，用于计算平均轨道根数，并执行附加的速度核对以确定该目标是否为非观测任务内的已知卫星，若是非观测任务内的已知卫星，则放弃该跟踪。

（3）计算 UCT 覆盖时间并执行调度，确定是否需要对目标当前过境执行附加观测。

（4）采集到足够的数据后，即可估算非关联目标的 RCS、计算轨道根数并执行多个附加的检验手段以降低虚假目标写入编目数据库的概率，随后系统自动设定任务对目标未来过境进行观测以采集额外的观测数据。

2. AN/FPS-108"丹麦眼镜蛇"雷达

"丹麦眼镜蛇"（Cobra Dane）雷达型号为 AN/FPS-108，是一部工作在 L 波段的大型相控阵雷达，由美国雷声公司承建，于 1977 年达到作战能力，现部署于美国阿拉斯加州的阿留申群岛，如图 1-6 所示。"丹麦眼镜蛇"雷达早期的首要任务是监视苏联的弹道导弹飞行试验，其次是负责早期预警和空间监视任务。

图 1-6 "丹麦眼镜蛇"雷达

1973 年，雷声公司获得了 3960 万美元的研制合同，于 1976 年后期完成系统测试任务。1977 年，整个雷达系统投入运行[5]。1990 年，雷声公司又获得了 AN/FPS-108雷达现代化改造合同，主要是更换老的计算机硬件和软件，延长雷达使用寿命，改进后的雷达于 1994 年投入运行。2015 年 12 月，美国空军生命周期管理中心授予雷声公司一项 7700 万美元的合同用于"丹麦眼镜蛇"雷达的运行、维护和支持，再次提升了该雷达的生命力。"丹麦眼镜蛇"雷达现在是美国空间监视网的组成部分，承担的主要任务是空间碎片观察，同时该雷达也集成到了美国地基中段防御（Ground-based Midcourse

Defense，GMD)系统中。

1）雷达典型参数

　　"丹麦眼镜蛇"雷达系统由相控阵天线、发射机、控制系统、波束控制器、接收机/波形产生器、信号处理器及专用计算机七部分构成。其核心天线采用单面稀疏阵列结构，直径为 28.5 m,安装方位角为 319°,仰角为 20°(以地平线为基准),可实现 120°方位角范围内的波束覆盖。该阵列共包含 34768 个阵元,其中 15360 个为有源阵元,19408 个为无源阵元,通过密度加权布局技术实现阵元间距自中心向边缘梯度递增,使边缘区域阵元密度降至中心区域的 20%。阵列被划分为 96 个子阵模块,每个子阵均配置独立行波管放大器作为馈电单元,以此保障波束在偏离视轴时的距离分辨力。系统通过分布式波束控制器实现辐射场动态调控,结合数字接收链路与实时信号处理系统完成目标信息的高精度提取,专用计算机系统负责雷达模式调度、资源优化分配及数据处理等核心任务。"丹麦眼镜蛇"雷达典型工作参数如表 1-3 所示。

表 1-3　"丹麦眼镜蛇"雷达典型工作参数

作用距离	情报搜集:3600 km(RCS=0.3 m², Pd=0.99)
	战略预警:3600 km
	空间跟踪:35～46000 km(RCS=0.1～1000 m²)
工作频率	1215～1250 MHz(窄带)
	1175～1375 MHz(宽带)
发射功率	峰值功率 15.4 MW / 平均功率 920 kW
天线孔径	28.5 m
波束宽度	0.6°
搜索信号	脉宽:1.5～2 ms
	调频带宽:1 MHz
跟踪信号	脉冲宽度:0.15～1.5 ms
	调频带宽:5 MHz
宽带信号	脉冲宽度:1 ms
	调频带宽:200 MHz,25 MHz(电离层补偿)
测量精度	测距精度:3 m
	测角精度:0.02°
俯仰范围	情报搜集:0.6°～80°
	战略预警:1°
	空间跟踪:0.6°～80°
方位范围	情报搜集:260°～283°(窄带),291°～337°(宽带)
	战略预警:259°～19°(窄带),297°～341°(宽带)
	空间跟踪:259°～19°(窄带),297°～341°(宽带)

续表

目标处理能力	情报搜集:100 个目标中的 20 个
	战略预警:同时跟踪 200 个目标
	空间跟踪:30 s 内处理 300 个已知目标和 200 个未知目标
极化形式	垂直极化
脉冲重复频率	20 Hz(远距离监视模式)

2) 雷达基本工作情况

美国空间监视网的大型相控阵雷达工作在约 440 MHz 频率,而"丹麦眼镜蛇"雷达的工作频段更高。因此,对于小尺寸目标(12 cm 或更小),该雷达会呈现更大的 RCS 值,特别是直径 5 cm 或更小的目标,其 RCS 值可增加多达 60 倍。然而,"丹麦眼镜蛇"雷达的站点布局和指向设置限制了其跟踪范围,它只能跟踪倾角为 55°～125°的空间目标。

自 1999 年起,"丹麦眼镜蛇"雷达重新并入美国空间监视网络,可在不执行首要的导弹监视任务时进行空间监视,此时该雷达仅以 1/4 的功率运行且主要工作在任务模式。在任务模式下,"丹麦眼镜蛇"雷达每天可采集 2500 次观测并编目 500 个目标[5],同时该雷达设立了一个高仰角宽 10°的电子篱笆以探测未编目的目标,该篱笆每天生成约 100 个非关联目标的 500 次观测。这两个任务占用总发射机的占空比为 1.14%。

在 1999 年的试验中,该雷达设立 50°仰角处宽度为 3°的单排脉冲篱笆,使用全空间监视分配,每天可生成 700～800 个关联航迹。后续的空间碎片试验,"丹麦眼镜蛇"雷达保持了仰角 50°处宽 60°(方位 289°～349°)的单排脉冲篱笆,篱笆使用 3.0%的占空比。

2003 年起,"丹麦眼镜蛇"雷达重新开始满功率运行,除完成首要的导弹情报收集任务外,还保持较宽的空间搜索篱笆(类似于前述的仰角 50°处宽 60°的电子篱笆),这使得空间监视网的编目数据库中迅速增加了几千个目标(许多目标在随后的处理中被剔除)。"丹麦眼镜蛇"雷达能够探测距离 14000 km 处的目标,但由于该雷达仅仅用于监视、跟踪低轨目标,所以对于周期超过 225 min 的空间目标的航迹会被自动丢弃掉。"丹麦眼镜蛇"雷达可探测到距离约 1200 km 的 4～5 cm 目标,具备一定的厘米级空间目标探测能力[5]。

3. "沃罗涅日"雷达

"沃罗涅日"(Bopohex)雷达是俄罗斯新一代远程早期预警大型相控阵雷达,该雷达既用于弹道导弹预警,也是俄罗斯空间目标监视的一部分。

"沃罗涅日"雷达采用模块化、开放式体系结构,其特点包括作用距离远、体积小、建设成本低,并且便于日常维护和现代化升级[6]。该系列雷达具体包含五种型号,即 M 型、VP 型、DM 型、SM 型和 MSM 型。"沃罗涅日"-M 雷达工作在米波段,采用三段式结构,目标探测范围可达 6000 km;"沃罗涅日"-VP 雷达是"沃罗涅日"-M 雷达的改进型,具有六段式结构,实现 240°方位覆盖,功耗达 10 MW,功能更加强大;"沃罗涅日"-DM 雷达在分米波段范围内工作,目标在水平方向上的被探测距离可达 6000 km,在垂直方向上可达

800 km,同时能够探测和跟踪多达 500 个目标;"沃罗涅日"-SM 雷达在厘米波段范围内工作;"沃罗涅日"-MSM 雷达能同时在米波和厘米波范围内运行。前三个型号的雷达阵面如图 1-7 所示。

（a）"沃罗涅日"-M　　　（b）"沃罗涅日"-VP　　　（c）"沃罗涅日"-DM

图 1-7　"沃罗涅日"系列远程预警相控阵雷达

截至 2024 年底,俄罗斯共建成并投入运行 7 部"沃罗涅日"雷达,另有 3 部在计划建设中,其部署地点和型号如表 1-4 所示。

表 1-4　"沃罗涅日"雷达部署地点及型号

型　号	位　置	建设时间	备　注
"沃罗涅日"-M	列赫图西,列宁格勒州	2005—2006	弥补了覆盖范围的差距。2012 年全面投入运行
"沃罗涅日"-DM	阿尔马维尔,克拉斯诺达尔边疆区	2006—2013	这个站点有两个雷达。一个覆盖西南,另一个覆盖南/东南。2015 年 4 月全面投入运行,为俄罗斯南部地区提供战略预警能力。2024 年 5 月遭乌克兰无人机袭击
"沃罗涅日"-DM	皮奥涅尔斯基,加里宁格勒州	2010—2011	2011 年 11 月部分运行,并于 2014 年全面投入运行
"沃罗涅日"-M	乌索利耶-西伯利亚,伊尔库茨克州	2010—2014	取代了 2011 年 6 月拆除的 Dnepr 雷达。该雷达于 2012 年 3 月进入试验,并于 2015 年全面运行
"沃罗涅日"-DM	叶尼塞斯克,克拉斯诺亚尔斯克边疆区	2012—2015	2015 年进入试验运行,2017 年全面运行
"沃罗涅日"-DM	巴尔瑙尔,阿尔泰边疆区	2013—2015	2017 年全面运行
"沃罗涅日"-M	奥尔斯克,奥伦堡州	2013—2015	2017 年全面运行
"沃罗涅日"-SM/M	沃尔库塔,科米共和国	2015—2017	原计划 2022 年运行(还未实现)

型　号	位　置	建设时间	备　注
"沃罗涅日"-DM/VP	奥列涅戈尔斯克，摩尔曼斯克州	2017—2019	原计划 2022 年运行（还未实现）。取代预警西北方向的"第聂伯""道加瓦河"雷达系统
"沃罗涅日"-M/SM/DM	塞瓦斯托波尔	—	原计划 2024 年运行（还未实现）。扩展阿尔马维尔"沃罗涅日"-DM 雷达系统能力

"沃罗涅日"雷达具有以下特点。

（1）频段选择米和分米波段，电磁波传输较稳定。宇宙噪声较低，目标有效散射面积较大，有利于反隐身，设备体积相对小。

（2）接收、发射设备由工厂预制，装入较大的机箱内，既是运输单元，又是安装单元，还可降低线路损耗、降低噪声温度，整体上提高了天线系统的有效系数。

（3）在预制天线中采用接收子阵的有效方法，减小接收测试线路的体积，子阵部分互相搭接，形成天线阵幅度的特殊分布。天线发射放大器的晶体三极管级联，属于热集电极方式，可采用风冷却。

（4）在接收通道设备中，信号数字化后插入预先数字处理器及通道测试处理器中，简化了接收和计算设备，降低了损耗。

（5）一次和二次处理计算设备基于多处理器、开放式体系结构计算机，实时处理速度达到每秒千亿次运算。

（6）采用统一方舱，并且精心设计 12 种机柜，大部分可批量生产。

（7）在责任扇区内，采用程序按距离、角度和时间控制雷达的辐射功率，节省雷达资源。

"沃罗涅日"雷达典型工作参数如表 1-5 所示。

表 1-5 "沃罗涅日"雷达典型工作参数

型　号	沃罗涅日-M（VP）	沃罗涅日-DM
用途	远程弹道导弹预警，空间目标监视	
作用距离	4200 km（RCS＝0.1 m²） 7467 km（RCS＝1 m²）	4500～6000 km（RCS＝0.1 m²） 8000～10670 km（RCS＝1 m²）
水平方位覆盖	120°	240°
雷达工作体制	收发一体，模块化，全数字固态相控阵雷达	
天线阵面数	单面阵	单/双面阵
天线阵面尺寸	30 m×30 m（30 m×60 m）	/
天线单元数	3072 个（6144 个）	/
极化方式	圆极化	/
发射功率	0.7 MW	/

续表

型　号	沃罗涅日-M(VP)	沃罗涅日-DM
数量	7 部运行,3 部在建	
研制单位	明茨无线电技术研究所	远程无线电通信研究所

4."太空篱笆"

1)"太空篱笆"简介

美国海军研究实验室(Naval Research Laboratory,NRL)于 1958 年建设了最早的海军空间监视系统(Navy Space Surveillance System,NAVSPASUR),也称 NASPA-SUR 电子篱笆,该系统 2004 年被移交给美国空军,重新命名为美国空军空间监视系统(Air Force Space Surveillance System,AFSSS)。由于维护成本和系统功能等原因,AFSSS 系统于 2013 年被关停。与此同时,美国空军在 2014 年授权洛马公司和雷神公司一份研制"太空篱笆"空间监视系统的合同,开始美军新一代空间监视电子篱笆的研制和建设。

"太空篱笆"空间监视系统主要由探测雷达站和作战指挥中心两大部分组成,探测雷达站有两个:一个是 S 波段雷达主站,位于马绍尔群岛夸贾林岛礁的陆军罗纳德·里根弹道导弹试验场;另一个是一部 C 波段雷达和一部天文望远镜作为备用站,位于澳大利亚西部安提瓜。"太空篱笆"将两部雷达分开部署是为了提供更好的空域覆盖(见图 1-8),特别是在南半球。

图 1-8　"太空篱笆"测站布置情况

与此前 NASPASUR 电子篱笆的 VHF 雷达相比,"太空篱笆"的雷达波长更短,具备更高的精度和分辨率,有望探测到中地球轨道以外直径 5 cm 的小目标。"太空篱笆"系统能够发现小的低轨空间碎片,提供低轨空间目标编目的完备性,能够同时在距离和角度上检测、跟踪目标,保证对低轨空间目标、碎片探测的同时兼顾对中地球轨道的覆盖。

2)系统特性分析

"太空篱笆"系统的每个站点由 1 个发射站和 1 个接收站构成,夸贾林环礁的"太空篱笆"雷达如图 1-9 所示。夸贾林站发射天线阵面约有 36000 个单元,接收天线阵面约有 86000 个单元,总峰值功率约 2.69 MW;澳大利亚西部站发射天线阵面约有 17000 个单元,接收天线阵面约有 86000 个单元[7]。

图 1-9　夸贾林环礁的"太空篱笆"雷达

"太空篱笆"采用收、发天线分置的方式,使用阵元级数字波束形成技术、MIMO 技术和频率复用技术,发射天线阵面同时形成一个东西较宽、南北较窄的扇形搜索屏,两个笔形跟踪波束和一个小搜索屏(东西向波束宽度约 12°);接收天线阵面同时形成约 430 个波束覆盖发射波束。搜索屏用于空间目标普测,笔形跟踪波束用于跟踪定轨,小搜索屏用于解体的空间目标、中/高轨道目标的截获、跟踪。

5. GRAVES 系统

空间监视大型自适应雷达网络系统(Grand Réseau Adapté à la Veille Spatiale, GRAVES)是法国的空间监视雷达系统,类似于美国的 NAVSPASUR。GRAVES 主要用于探测 200~1000 km 轨道高度的空间目标并编目。该雷达系统每周 7 天、每天 24 小时工作,无人值守,于 2005 年移交法国空军使用。

GRAVES 为双基地雷达系统,发射站位于法国东部的 Broye-lès-Pesmes,接收站位于法国东南方的 Revest du Bion,基线约 380 km。该系统工作在 VHF 频段,工作频率 143.05 MHz,发射信号为未调制的单音连续波信号。GRAVES 通过测量目标的角度(方位角、仰角)和径向速度(即多普勒频率)单圈次即可确定目标的轨道参数[8]。

GRAVES 雷达系统发射功率为兆瓦级,发射天线系统包括 4 个独立的相控阵阵面,每个阵面的尺寸为 15m×6m,每个发射阵包括 30 个子阵,天线阵面倾角为 30°,发射站如图 1-10 所示。每个阵列用宽波束发射连续波,用水平 8°、垂直 20° 的波束在方位 45°、仰角 20° 的扇区内进行电子波束扫描,扫描时间为 9.6 s,方位覆盖超过 180°。接收天线系统排布形成直径 60 m 的圆,采用全向相控阵天线,包括 100 个阵元,接收站如图 1-11 所示,每一个天线阵元和一个单独的数字化接收机相连,每个阵元具有独立的接收机和 ADC 单元,通过 DBF 实现同时接收多个波束(波束篱笆,每个波束为 2° 笔形波束)[9]。

图 1-10 发射站

图 1-11 接收站

GRAVES 雷达不足之处主要表现在以下几个方面。

(1)系统复杂且探测能力弱。GRAVES 系统 4 个发射阵同时工作,相当于把能量及天线增益分散成 4 份,每一个方向的功率孔径积都很低,探测远距离弱目标的能力有限。

(2)检测目标的实时性不高。受国土纬度的限制,该系统很难有效观测轨道倾角小于 40° 的空间目标,同时法国经度跨度小,无法形成大范围的空域监视屏。GRAVES 系统仅能实现 24 h 更新一次目标,时效性不强。

1.3　常用轨道仿真软件

在卫星轨道计算和航天任务分析领域,有许多开源或商业仿真软件可供使用,如 STK、ODTK 等[10]-[15],这里介绍几个常用的仿真软件。

1.3.1　STK 软件简介

卫星工具软件(Satellite Tool Kit，STK)是航天领域中先进的系统分析软件,由美国分析图形公司(Analytical Graphics Inc，AGI)研制,用于分析复杂的陆地、海洋、航空及航天任务[16]。STK 提供逼真的二维、三维可视化动态场景以及精确的图表、报告等多种分析结果,在航天飞行任务的系统分析、设计制造、测试发射以及在轨运行等各环节中都有广泛应用,对军事遥感卫星的战场监测、覆盖分析、打击效果评估等方面同样具有极大的应用潜力。

STK 最初主要用于分析卫星轨道,后来其应用范围逐渐扩大,涵盖了航天、情报、雷达、电子对抗和导弹防御等领域。随着软件不断升级,STK 现已成为分析和执行陆、海、空、天、电(磁)任务的专业仿真平台。2012 年,STK 软件从 Satellite Tool Kit 更名为 System Tool Kit。目前,全球有超过 450 家大型公司、政府机构、研究和教育组织使用 STK 软件。STK 在商业、政府和军事任务中发挥越来越重要的作用,成为业界最具影响力的航天软件之一。

STK 基本模块的核心能力是生成目标位置和姿态数据、可见性及覆盖分析,其他基本分析能力包括轨道预报算法、姿态定义、坐标类型和坐标系统、遥感器类型、高级约束条件定义,以及卫星、城市、地面站和恒星数据库等。对于特定的分析任务,STK 还提供附加模块,可以解决通信分析、雷达分析、覆盖分析、轨道机动、精确定轨、实时操作等问题。

STK 具有以下特点。

(1)功能强大,可用于空间任务、航天器设计、探测器网络、电子战/通信、导弹防御、导航控制、地理信息分析、体系设计等任务周期的全过程。

(2)使用简单,用户无需具备深厚的专业知识即可完成遮蔽分析、轨道设计、坐标转换、姿态分析、覆盖分析、空间环境分析、系统效能分析等工作,并具备强大的交互式图文输出能力。

(3)数据完善,提供完备的卫星、城市、地面站和恒星数据库,数据来自多个权威机构,并可在线更新。

(4)三维显示,具有强大的三维可视化功能,为 STK 和其他附加模块提供逼真的三维显示环境。

(5)实时性,支持实时的数字/半实物仿真。

(6)扩展性,提供丰富的应用程序编程接口(Application Programming Interface，API)和函数库,能够与 Visual Studio、Matlab 等软件协同仿真。

1.3.2　AFSIM 软件简介

仿真、集成和建模高级框架(Advanced Framework for Simulation Integration and

Modeling，AFSIM)是一个通用的建模框架,由美国空军研究实验室(Air Force Research Laboratory，AFRL)开发和维护,能够构建典型的虚拟威胁环境和相关模型[17]。

AFSIM 是一个基于 C++的模块化、面向对象、多领域及多分辨率的建模与仿真工具,既满足战争级需求,又掌握工程细节,这是其他专用平台难以企及的。作为军事模拟框架,AFSIM 专注于分析、实验与作战,并已广泛应用于美国军方及主要盟友。

AFSIM 采用开放架构和标准,适应不同层级、多精度的建模与仿真需求。其开源特性也鼓励各部门参与二次开发,降低投入与压力。

AFSIM 不仅支持 LVC 目标,还引领全流程作战概念仿真,在机器学习、蜂群作战及先进控制技术领域处于领先地位,成为研究人员测试新想法的首选平台。

尽管功能强大,AFSIM 在支撑多域作战方面仍有不足。因此,AFRL 正投入资金开发 AFSIM+,以弥补这一缺陷。

1.3.3　ODTK 软件简介

AGI 公司开发的商用轨道计算软件(Orbit Determination Tool Kit,ODTK)能够高效、精确地处理轨道计算任务,该软件于 2003 年 10 月作为商业产品 STK/OD 面世[18]。最新版本(ODTK 7)面向全球客户群,包括航空航天企业、政府和学术机构,功能更加丰富。

ODTK 是一个强大的轨道确定工具包,它集成了数据模拟器(Simulator)、类卡尔曼序贯滤波器(Kalman-like Sequential Filter)、固定间隔平滑器(Fixed-interval Smoother)和可变滞后平滑器(Variable-lag Smoother)等核心组件。此外,它还提供了初始轨道确定(IOD)功能和传统的加权最小二乘(LS)估计器。通过脚本和自定义插件模型,ODTK 操作可实现自动化,并且用户可以自定义报告和图表以获得量身定制的结果。利用卫星跟踪数据,ODTK 能够同时估计多颗卫星的轨道以及相关参数,如弹道系数和太阳光压系数。不仅如此,它还能处理地基和天基跟踪中的转发器偏差及大气密度校正问题,展现出强大的数据处理和分析能力。

1.3.4　SOFA 软件简介

基础天文标准库(Standards of Fundamental Astronomy，SOFA)是国际天文联合会(International Astronomical Union,IAU)赞助开发的一套关于地球姿态、时间尺度和历法的程序集,旨在为天文计算提供权威、有效的算法程序和常数数值[19]。1994 年的 IAU 大会上,IAU 天文标准工作组提出了创立 SOFA 的提案。1997 年,SOFA 评审委员会正式创立,并设置了发布代码的 SOFA 中心,有利于推动天文学和空间大地测量学的研究,使人们把主要精力集中到创新性的研究中去,而不会浪费在重复编程中。

SOFA 具有独立性和跨平台性,第一版代码于 2001 年 10 月底公布,截至 2023 年 10 月共发布 19 个版本。该程序库利用 IAU 最新批准的基础天文模型和理论编制程序,并尽量挖掘计算机的运算精度。20231011 版包括 248 个子程序,主要由两部分组成:天文库和矢量矩阵运算库。其中前者有 193 个子程序,涉及日历、天体测量、时间尺度、地球自转、星历表、岁差章动、星表变换、坐标系变换等内容;后者有 55 个子程序,主要功能是矢量和矩阵的各类操作。

1.3.5　Matlab 航空航天工具箱简介

Matlab 航空航天工具箱(Matlab Aerospace Toolbox)为分析航空航天飞行器的运行、任务和环境提供了标准的工具和函数[20]。该工具箱包括航空航天数学运算、坐标系和空间转换,以及经过验证的环境模型,可用于解释飞行数据;此外,还包括二维和三维可视化工具,以及标准座舱仪表以用于观察飞行器运行。

借助 Matlab 航空航天工具箱,可以设计并分析卫星和地面站场景,可以根据轨道根数预报卫星轨迹,载入卫星和星座星历表,执行任务分析(如卫星可见性分析等)。

练　习　题

1. 国内外空间目标监视系统有哪些?各自有什么特点?

2. 俄罗斯"沃罗涅日"系列雷达目前部署了几部?部署地点在哪里?各自重点关注的目标和区域是什么?

3. 目前在轨空间目标数量有多少?空间碎片大概占比多少?

4. 航天器轨道的特点是什么?

5. 目前,空间目标轨道的分布情况是怎样的?

第2章

时间系统与坐标系统

时间系统和坐标系统不仅是描述卫星运动、确定观测站位置的基础工具,更是处理雷达观测数据的重要物理和数学依据。在进行卫星运动描述时,通常会使用天球坐标系统。同时,地面站的位置以及针对目标的观测(如空间目标监视雷达)是基于地球坐标系统的。这些坐标系统之间的转换关系对精确计算卫星轨道至关重要。在处理雷达观测数据时,需要考虑多种时间系统,如世界时、原子时等。因此,理解这些时间系统和坐标系统的定义及其转换关系是研究卫星运动、提高空间目标监视雷达观测精度的基础。本章首先介绍一些基本的天文概念,这些概念是理解时空体系所必需的,然后讲解与空间目标监视相关的各种时间系统。最后详细描述空间目标监视雷达所涉及的各种坐标系统及其转换关系。

2.1 基本天文概念

本节概述了基本天文概念,主要包括天球及其上的重要圈层和点,以及岁差、章动、极移等天文现象。这些内容为后续章节深入探讨相控阵雷达在空间目标监视中的应用提供了必要的天文背景知识。

2.1.1 天球

当我们仰望天空,观察天体时,无论是太阳、月亮,还是恒星、行星,它们好像都镶嵌在同一个半球的内壁上,而我们自己无论在地球上什么位置,都好像是处于这个半球的中心。这是由于天体离我们太远了,我们在地球上无法觉察不同天体与我们之间距离的差异。因此,为了研究天体的位置和运动,可以引入一个假想的以观测者为球心、以任意长为半径的球,称作天球。由于地球在浩瀚的宇宙中可以看作是一个质点,地心也可以当作地球的中心,因此可以假想一个地心天球,它是以地心为中心、以无穷远为半径的球。

2.1.2 天球上的圈和点

1. 天顶与天底

通过天球中心 O(观测者的眼睛)作铅垂线(观测者的重力方向)延长线与天球相交于两点 Z 和 Z',如图 2-1 所示。Z 位于观测者的头顶上,好像是天球的最高点,故称为天顶。与 Z 相对的另一交点 Z' 位于观测者的脚下,称为天底。因此,观测者是始终见不到天底的。

2. 天极与天赤道

如图 2-1 所示,通过天球中心 O,作一条与地球自转轴平行的直线 POP',这条直线称为天轴。天轴与天球相交两点 P 和 P',称为天极。P 与地球上的北极相对应,称为北天极;P' 与地球上的南极相对应,称为南天极。

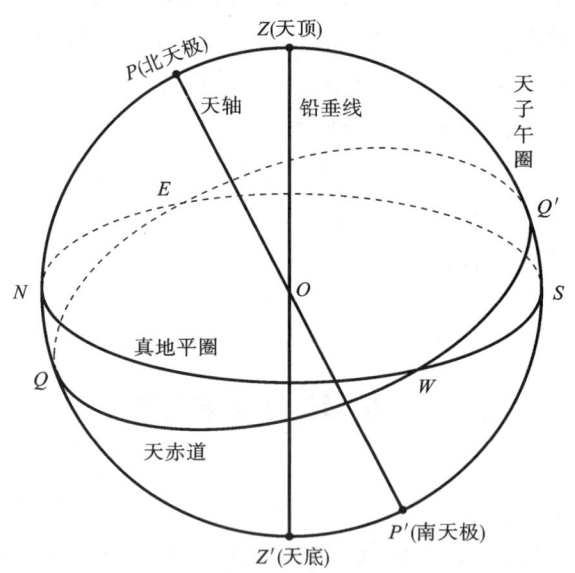

图 2-1　天球上的基本点和基本圈

通过天球中心 O 作一个与天轴垂直的平面 QQ',称为天赤道面。显然,它与天球交线也是一个大圆,称为天赤道,它实际上是地球赤道面的延伸。

与天赤道垂直的大圆称为赤经圈,也称时圈;与天赤道平行的小圆称为赤纬圈[21]。

3. 天子午圈

在天球上过天顶 Z、北天极 P 和天底 Z' 作一个平面,其与天球的交线也是一个大圆

ZPZ'，称为天子午圈。

4. 黄道与黄极

通过天球中心 O 作一平面与地球公转轨道面平行，这一平面称为黄道面。黄道面与天球的交线是一个大圆，称为黄道，如图 2-2 所示。

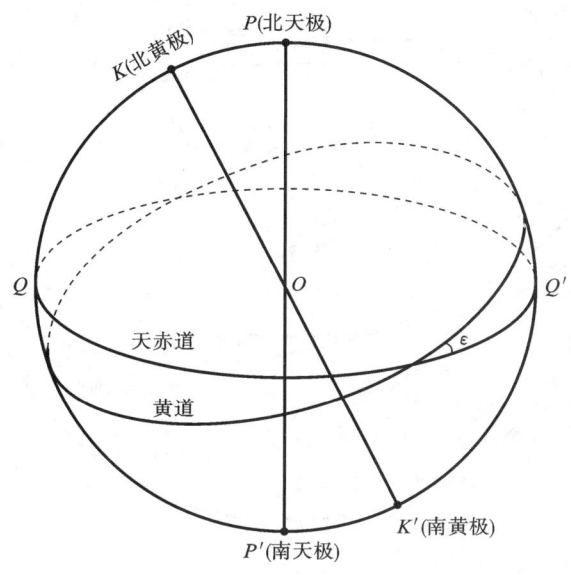

图 2-2　黄道与黄极

与黄道垂直的大圆称为黄经圈；与黄道平行的小圆称为黄纬圈。

通过天球中心 O 作一垂直于黄道面的直线 KOK'，与天球交于 K、K' 两点，K 与北天极 P 靠近，称为北黄极；K' 与南天极 P' 靠近，称为南黄极。

黄道与天赤道斜交，其交角称为黄赤交角，用 ε 表示。黄赤交角是个变值，平均等于 $23.5°$。

5. 周日视运动

地球绕天轴每天自西向东自转一周，在地球上观测时就会觉得所有天体自东向西都在绕天轴做圆周运动，这种由人的视觉效果造成的自然现象在天文上称为周日视运动。

6. 中天

天体过天子午圈称中天，天体周日视运动中，每天两次过中天：位置最高（地平高度）称上中天；位置最低称下中天。中天时天顶、天极和天体都在天子午圈上。

7. 太阳周年视运动

如图 2-3 所示，当地球在轨道上由 $E_1 \rightarrow E_2 \rightarrow E_3 \rightarrow E_4$ 运动时，站在地球上看，就会看到相应在天球上太阳由 $e_1 \rightarrow e_2 \rightarrow e_3 \rightarrow e_4$ 沿黄道运行一周又回到 e_1，这称为太阳周年视运动。

8. 春分点

太阳沿黄道周年视运动，由天赤道以南穿过天赤道所经过的黄道与天赤道的交点称为春分点，用符号 γ 表示，如图 2-3 所示。

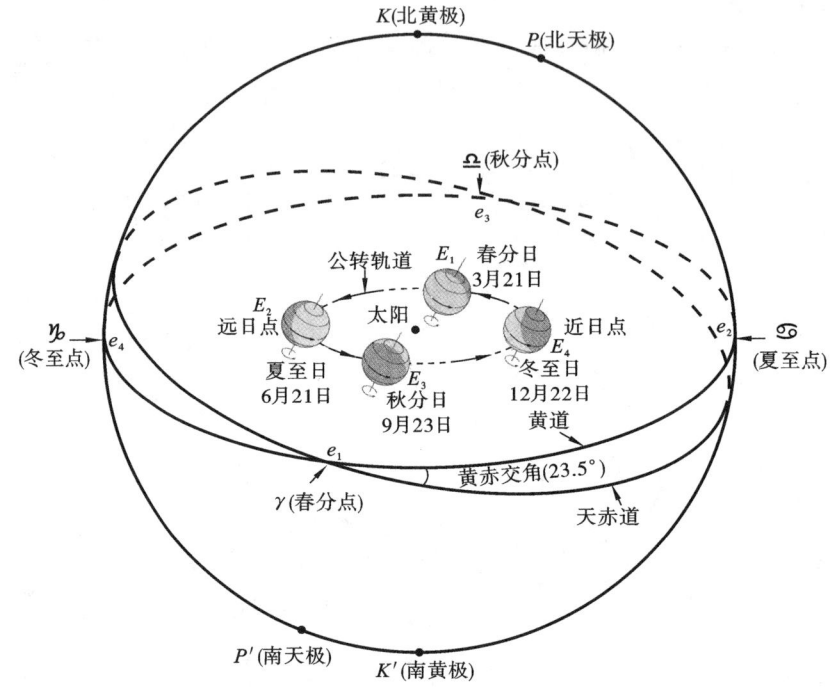

图 2-3　太阳周年视运动与春分点、至点

2.1.3　岁差与章动

在日、月及行星的引力作用下，天极的运动是一条复杂的曲线，这条曲线可以认为大致上是一条波纹线，如图 2-4(a)所示。为便于讨论，把实际的天极运动分解为两种运动：一种运动是一个假想天极 P_0 绕黄极沿小圆运动，这个假想天极称为平天极，简称

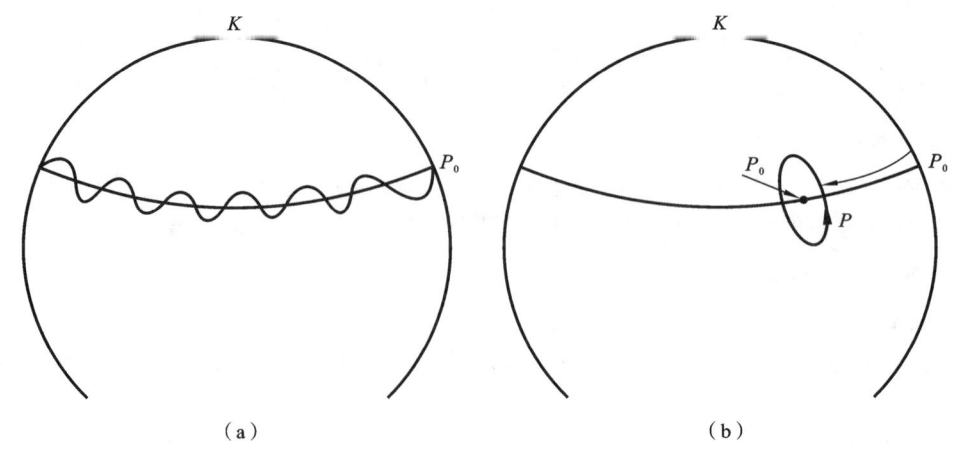

（a）　　　　　　　　　　　（b）

图 2-4　天极的运动

平极;另一种是实际的天极 P 绕平天极 P_0 运行,实际的天极称为真天极,简称真极,如图 2-4(b)所示。平极的运动导致赤道岁差。真极绕平极的运动称为章动。某一瞬间平天极对应的天赤道是该瞬间的平赤道,该瞬间的黄道相对平赤道的升交点称为平春分点。某一瞬间真天极对应的天赤道是该瞬间的真赤道,该瞬间的黄道相对真赤道的升交点称为真春分点。

北天极在天球上以北黄极为中心作角半径等于黄赤交角 ε 的小圆运动,运动方向为顺时针方向(向西),平均角速度为 $50.29''/a$,如图 2-5 所示。

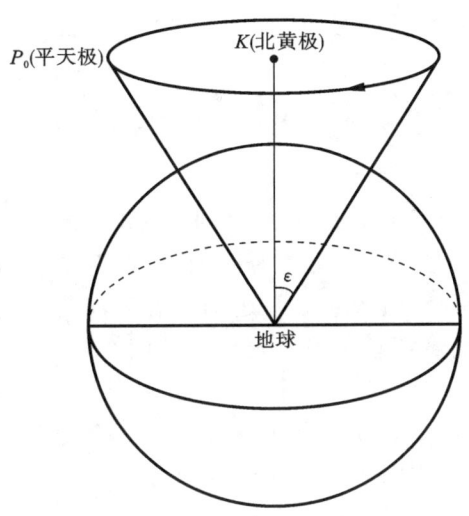

图 2-5　平天极的运动

喜帕恰斯是古希腊时期的一位著名天文学家。在公元前二世纪,他编制了一份包含 1022 颗恒星的星表。在编制星表的过程中,他注意到恒星位置与 150 多年前阿里斯提留斯和提莫恰里斯测定的星位相比,发生了较显著的变化。喜帕恰斯认为这种变化是由于春分点沿黄道后退造成的,并推算出春分点每 100 年西移 $1°$。这就是岁差现象的最早发现。

虞喜是南北朝时期的一位中国天文学家。他也独立发现了岁差现象,并加以精确测定。在公元 330 年前后,虞喜根据太阳从冬至到次年冬至的时间间隔,即一年的时间,发现每 45 年左右,太阳会从黄道最南端回到白羊座。这就是岁差的周期性变化。

布拉德雷在 1727—1732 年的观测中发现,地球相对于恒星的倾斜角度每年都在变化。他认为这是月球引力的影响,并在对月亮交点观测了一整个周期(18.6 年)后,于皇家学会宣布了这一结果,将这种变化命名为"章动"。这个词来自拉丁文,意为"点头"。

2.1.4　极移

由于地球不是刚体,以及其他一些地球物理因素的影响,地球自转轴相对于地球内部的位置是变化的。

地球自转轴与地球表面的交点为地球极点,由于地球自转轴在地球体内的运动,极点位置随时间变化而变换，称为极移。随时间变化的自转轴为瞬时轴，对应的极点为瞬时极，平均位置为国际习用原点（Conventional International Origin，CIO）。极移仅指地极移动，与天极在天球上的变化无关。

地球极移的发现历史可以追溯到 18 世纪，但直到 1888 年德国的屈斯特纳才从纬度变化的观测中发现极移。屈斯特纳的观测数据表明，地球自转轴的位置是变化的，这种变化导致地球上的极点在地球表面移动。1891 年，美国天文学家张德勒进一步指出，极移包括两个主要的周期成分：一个是近于 14 个月的周期；另一个是周年周期。

2.2 时间系统

时间是描述物质运动的基本变量，物质运动也为时间的计量提供了参考。通常所说的时间计量实际包括了两个含义：一个是时间间隔，即两个物质运动状态之间经过了多长的时间；另一个是时刻，即物质的某一个运动状态瞬间与时间坐标轴原点之间的时间间隔。因此，一个计时系统要确定初始历元和秒长两个基本要素，其中确定秒长是最重要的问题。

时间的测量通常基于选定某种均匀、可测量且具有周期性的运动作为参考基准。不同的周期运动现象导致产生不同的时间系统，其中轨道动力学涉及的重要时间系统包括以下系统。

（1）世界时（Universal Time，UT）系统：为了描述地面观测与固定的空间参照系之间的关系，必须考虑地球在惯性空间中随时间变化的位置变化。因此，通用的时间系统是基于地球自转的世界时系统。

（2）原子时（Atomic Time，AT）系统：为满足精确测量信号传播时间的需求，如卫星测距等，需要使用一个统一的、高解析度的、易于各界接受的时间系统。通用的时间系统是基于原子物理得到的原子时系统。

（3）动力时（Dynamical Time，DT）系统：为了精确描述卫星的运动，需要均匀的时间测量作为卫星运动方程的独立变量，通用的时间系统为由地球、太阳等天体的轨道运动所得到的动力时系统。

2.2.1 世界时系统

地球的自转运动是连续，且比较均匀的，人类最先建立的时间系统——世界时系统便是以地球自转运动为基准。基于观察地球自转运动时所选空间参考点不同，世界时系统又可分为恒星时、太阳时和世界时等。

1. 恒星时（Sidereal Time，ST）

以春分点 γ 作为参考点，由它的周日视运动所确定的时间称为恒星时。春分点连续两次经过本地子午圈(上中天)的时间间隔称为一个恒星日。每一个恒星日等分为 24 个恒星小时,每一个恒星小时再等分成 60 个恒星分,每一个恒星分又等分为 60 个恒星秒,所有这些单位称为计量时间的恒星时单位。

2. 太阳时(Solar Time,ST)

太阳视圆面中心称为真太阳。以真太阳作为参考点,由它的周日视运动所确定的时间称为真太阳时(Apparent Solar Time),简称真时或视时。真太阳时除参与因地球自转引起的周日视运动外,还有因地球公转引起的周年视运动,因此真太阳时运动是不均匀的。为弥补真太阳时不均匀的缺陷,19 世纪末纽康提议用一个假想的太阳代替真太阳,作为测定时间的参考,即平太阳,相应的时间系统称为平太阳时(Mean Solar Time)。

平太阳也和真太阳一样有周年视运动,但有两点不同:① 平太阳的周年视运动轨迹是天赤道而不是黄道;② 平太阳在天赤道上运行的速度是均匀的,等于真太阳周年视运动速度的平均值。显然,平太阳和真太阳有密切联系,但又不存在真太阳运动不均匀的缺点。

3. 世界时(Universal Time,UT)

世界时也称为格林尼治地方时,它是以平子夜为零时起算的格林尼治平太阳时,被标记为 UT(Universal Time)。该系统基于地球自转,但由于地球自转轴存在极移现象,并且地球的自转速度受到长期减缓、短周期变化以及季节性变化等因素影响,导致其速度不均匀。为了弥补地球自转周期不稳定这一缺陷,从 1956 年开始,极移改正和地球自转速度的季节性改正被引入世界时中,形成了 UT1 和 UT2 这两种世界时。未经过这些改正的世界时一般被表示为 UT0。

2.2.2　原子时系统

原子时是以物质内部原子运动的特征为基础建立的时间系统。

1. 国际原子时(International Atomic Time,TAI)

1967 年 10 月,第 13 届国际度量衡会议决定引入新的国际单位秒(SI 秒)长——原子时秒长,它定义为:位于海平面上铯原子基态的两个超精细能级间在零磁场中跃迁辐射振荡 9192631770 周所经历的时间。

2. 协调世界时(Universal Time Coordinated,UTC)

世界时能够准确反映地球自转情况,但其变化并不均匀;原子时变化均匀,却与地球自转无关。在实际应用中,许多问题需要计算地球的瞬时位置,这必须使用世界时。因此,为了充分利用世界时和原子时的优点,建立了协调世界时(UTC)。

协调世界时(UTC)是一种以原子时秒长为基准的混合时间尺度,其历元与世界时(UT1)保持一致,以确保时刻偏差不超过 ± 0.9 s。由于地球自转长期变慢导致 UT1 逐渐偏离原子时,自 1972 年起国际协议规定需通过跳秒机制将两者的累积差值控制在此范围内。具体调整由国际地球自转与参考系统服务(International Earth Rotation and Reference Systems Service,IERS)机构根据天文观测数据决定,通常在每年 6 月或 12 月最后一天的 UTC 时间实施:增加 1 s 称为正跳秒,减少 1 s 称为负跳秒(迄今尚未发生负跳秒)。UTC 作为航天测控系统的时间同步标准,其引用需特别关注跳秒修正记录。这一设计既保持了原子时的高稳定性,又通过动态校准使其贴近基于地球自转的世界时,满足科学观测与日常应用的协同需求。

2.2.3　动力学时系统

动力学时是天体动力学理论研究以及天体历表编算中所用的时间,即广义相对论框架中的坐标时。1976 年,国际天文联合会(IAU)定义了天文学常用的两种动力学时:以太阳系质心为原点的局部惯性系中的坐标时,称为太阳质心动力学时(Barycentric Dynamical Time,TDB);以地球质心为原点的局部惯性系中的坐标时,称为地球动力学时(Terrestrial Dynamical Time,TDT)。太阳、月球、行星历表以及岁差与章动公式中以 TDB 作为时间尺度,近地航天器动力学方程采用 TDT 作为独立时间变量。

IAU 最初关于 TDT 的定义有诸多模糊和争议之处,因此在 1991 年第 21 届 IAU 大会上重新定义了地球时(Terrestrial Time,TT),它取代 TDT 作为视地心历表的时间变量,表示的是在大地水准面上的时间标准。同时引进了两个新的时间,即地心坐标时(Geocentric Coordinate Time,TCG)和质心坐标时(Barycentric Coordinate Time,TCB),前者是以地球质心为空间原点的参考系的时间坐标,后者是以太阳系质心为空间原点的参考系的时间坐标。

2.2.4　年、历元和儒略日

前面讨论了计量时间的基本单位——日和秒。为了度量更长的时间间隔,还要采用以地球绕太阳公转运动为基础的时间单位"年"和以月球绕地球公转运动为基础的时间单位"月"。为推算年、月、日的时间长度和制定时间的序列,还需要采用不同的历法。

1. 年

地球绕太阳公转运动的周期称为年。地球公转运动在天球上反映的是太阳的周年视运动,根据参考点不同,也有不同的"年"。回归年是太阳中心在天球上连续两次通过春分点的时间间隔,长度为 365.2422 平太阳日。恒星年是太阳中心在天球上连续两次通过某一恒星的黄经圈所需要的时间间隔,长度为 365.2564 平太阳日,这是地球绕太阳公转的平均周期。

公元前 46 年,罗马统治者儒略·凯撒采用天文学家索西琴尼的意见制定了儒略历(Julian Calendar)。儒略历以回归年作为历法的基本单位,平年 365 日,闰年 366 日。凡公元年份能被 4 整除的为闰年,因此历年的平均长度为 365.25 平太阳日,称为儒略年。

因儒略年的长度与回归年相差 0.0078 日,400 年累计多出 3.12 日,到 16 世纪后期累差已达 10 日。为消除这个差数,1582 年罗马教皇格里高利十三世修订了儒略历的设置闰年法则,规定公元年数被 4 除尽的仍为闰年,但世纪年只有被 400 除尽的才为闰年。这样 400 年中只有 97 个闰年,使历年的平均长度为 365.2425 平太阳日,更接近回归年的长度。修订后的历法于 1582 年颁行,称为格里历(Gregorian Calendar),也就是现今全世界通用的公历。

2. 历元

在航天器轨道与天体坐标计算中,历元(Epoch)指用于定义时空参考系的标准初始时刻。国际天文学联合会(IAU)规定自 1984 年起采用 J2000.0 作为标准历元,其对应时间为 2000 年 1 月 1 日 12:00 地球时(TT),即儒略日 2451545.0 TT。

3. 儒略日

儒略日(Julian Day)是一种不涉及年、月等概念的长期连续记日法,记为 JD,在天文学、轨道计算中经常使用。这种方法是由法国学者 Joseph Justus Scaliger 于 1583 年提出的,为了纪念他的父亲(与古罗马皇帝儒略·凯撒同名)而命名为儒略日,它与儒略历毫无关系。计算跨越多年的两个时刻间的间隔,采用这种方法显得特别方便。儒略日的起点为公元前 4713 年 1 月 1 日 12 h(世界时平正午),然后逐日累加。

IAU 决定,从 1984 年起,在计算岁差、章动以及编制天体星历时都采用 J2000.0(即儒略日 2451545.0)作为标准历元。任一时刻 t 离标准历元的时间间隔即为 JD(t) — 2451545.0(日)。

儒略日的数值很大,因此定义了一种简化儒略日(Modified Julian Day,MJD),它的起算点为 1858 年 11 月 17 日世界时 0 h,记为 MJD。儒略日与简化儒略日之间的关系为

$$MJD = JD - 2400000.5 \tag{2-1}$$

关于时间系统的相互转换,本书不再赘述,读者可参考相关文献[22]。

2.3　坐标系统

卫星在空间的位置、速度及运动轨迹等需在特定坐标系内进行数学描述。坐标系通过数学规则与物理约定进行理论定义,其具体物理实现称为参考框架。参考框架通过基准点群(如测站坐标、星表数据等)与观测技术(VLBI、SLR 等)实现坐标系的物理解算。需注意,在非高精度应用或理论分析场景中,坐标系与参考框架的术语常被混用,但二者在严格的天体测量与地球参考系统标准中具有明确区分。

2.3.1　天球坐标系

天球坐标系是用以描述自然天体和人造天体在空间位置或方向的一种坐标系。依据所选用的坐标原点的不同,天球坐标系可分为站心天球坐标系、地心天球坐标系等。

在空间目标探测中,使用最为广泛的天球坐标系是天球赤道坐标系。由于岁差和章动,天轴的指向在不断变动,天球赤道面和春分点的位置也会相应地不断变化,从而形成许多不同的天球赤道坐标系,下面分别介绍。

1. 瞬时真天球坐标系

瞬时真天球坐标系的坐标原点位于天球中心,Z 轴指向观测历元的真正的北天极,X 轴指向该历元的真春分点,X 轴和 Y 轴位于该历元的真天球赤道面。

2. 瞬时平天球坐标系

瞬时平天球坐标系是只顾及岁差运动而不顾及章动运动所建立的天球坐标系。只考虑岁差、不考虑章动所得到的天极称为平天极。平天极在一个小圆上做简单的圆周运动。瞬时平天球坐标系中的 Z 轴指向瞬时平天极,X 轴和 Y 轴位于与之相应的平天球赤道面上,X 轴指向平春分点,组成右手坐标系。瞬时平天球坐标系是为了计算方便而引入的一个中间过渡坐标系。由于存在岁差运动,瞬时平天球坐标系中的三个坐标轴的指向仍在变化,只是其变化规律较为简单而已,故这种坐标系也不宜用来表示天体的最终位置和方位。

3. 协议天球坐标系

为了方便地表示天体在空间的位置或者方位,编制天体的星历表,就需要在空间建立一个固定的坐标系(空固坐标系),该坐标系的三个坐标轴需指向三个固定的方向。为了建立一个全球统一的、国际公认的空固坐标系,IAU 各成员国经协商后决定:采用 JD2451545.0(2000 年 1 月 1 日 12 h)时的平天球坐标系作为协议天球坐标系,又称国际天球参考系(International Celestial Reference System,ICRS)。任一时刻的观测资料需将岁差和章动归算至协议天球坐标系后,才能在一个统一的坐标系中进行比较。

根据坐标原点的不同,ICRS 可分为以太阳系质心为原点的质心天球参考系(Barycentric Celestial Reference System,BCRS)和以地球质心为原点的地心天球参考系(Geocentric Celestial Reference System,GCRS)。

2.3.2 地球坐标系

地球坐标系也称大地坐标系,由于该坐标系与地球固连在一起,随地球一起自转,故也称为地固坐标系。地球坐标系的主要任务是描述地面点在地球上的位置,也可描述卫星在近地空间中的位置。国际地球参考系(International Terrestrial Reference System,ITRS)和 1984 年世界大地坐标系(World Geodetic System 1984,WGS84)是目前常用的两种坐标系。

ITRS 由 IERS 机构负责定义,并用甚长基线干涉测量(Very Long Baseline Interferometry,VLBI)等空间大地测量技术予以实现和维持[22]。

WGS84 是美国建立的全球地心坐标系,曾先后推出过 WGS60、WGS66、WGS72 和

WGS84 等不同版本。其中,WGS84 于 1987 年取代 WGS72 成为全球定位系统(广播星历)使用的坐标系,并随着 GPS 导航定位技术的普及推广而被世界各国广泛使用。与 ITRS 不同的是,WGS84 在很多场合下都采用空间大地坐标(B, L, H)的形式表示点的位置。这是因为 ITRS 主要用于大地测量和地球动力学研究等领域,而 WGS84 较多地用于导航定位等领域。在导航中,用户一般采用(B, L, H)表示点的位置,此时应采用 WGS84 椭球[21]$(a = 6378137.0 \text{ m}, f = 1 : 298.257223563)$。

2.3.3　坐标转换

在天球中,卫星绕地球一直在运动,因此描述卫星的运动通常都是在天球坐标系中,而地面站的位置及对目标的观测(如雷达)又是基于地球坐标系的。由于地心天球坐标系(GCRS)可视为一个惯性坐标系,故卫星轨道计算常在这一坐标系中进行,而表示地面站或运动物体在地球上的位置时常采用国际地球坐标系(ITRS)。

在雷达定轨中,需要将雷达在站心地平坐标系下的观测数据最终转换到 GCRS 坐标系下进行统一计算(坐标系的具体介绍见下文),其转换流程如图 2-6 所示。

图 2-6　雷达测量数据坐标转换流程

在坐标转换过程中涉及直角坐标系间的坐标平移和旋转。坐标系的旋转可用矩阵表示,称为旋转矩阵。引进算子$\boldsymbol{R}_n(\theta)$表示绕 n 轴($n = 1, 2, 3$,通常分别对应 x, y, z 三个轴)转动 θ 角的坐标变换矩阵,即

$$\boldsymbol{R}_1(\theta) = \begin{bmatrix} 1 & 0 & 0 \\ 0 & \cos\theta & \sin\theta \\ 0 & -\sin\theta & \cos\theta \end{bmatrix}, \quad \boldsymbol{R}_2(\theta) = \begin{bmatrix} \cos\theta & 0 & -\sin\theta \\ 0 & 1 & 0 \\ \sin\theta & 0 & \cos\theta \end{bmatrix}, \quad \boldsymbol{R}_3(\theta) = \begin{bmatrix} \cos\theta & \sin\theta & 0 \\ -\sin\theta & \cos\theta & 0 \\ 0 & 0 & 1 \end{bmatrix}$$

$$(2\text{-}2)$$

式中:沿旋转轴正向看,顺时针旋转角度取正。

设原坐标系中有一矢量 $\boldsymbol{X}$,当坐标系绕 n 轴旋转 θ 角后,所在新坐标系下的矢量记为 $\boldsymbol{X}'$,则

$$\boldsymbol{X}' = \boldsymbol{R}_n(\theta)\boldsymbol{X} \tag{2-3}$$

1. 站心地平坐标系与 ITRS 坐标系的转换

站心地平坐标系 $\boldsymbol{X}_{\text{h}}$ 与 ITRS 坐标系(又称地心地固坐标系)$\boldsymbol{X}_{\text{GO}}$ 具体定义如表 2-1 和图 2-7 所示。站心地平坐标系与 ITRS 坐标系之间的转换为

$$\boldsymbol{X}_{\text{GO}} = \boldsymbol{X}_{\text{GOC}} + \boldsymbol{R}_3(-\lambda)\boldsymbol{R}_2(\varphi - 90°)\boldsymbol{P}_1\boldsymbol{X}_{\text{h}} \tag{2-4}$$

式中:$\boldsymbol{P}_1 = \text{diag}[-1, 1, 1]$;$\lambda, \varphi$ 为观测站的天文经度、纬度;观测站在 ITRS 坐标系中的直角坐标 $\boldsymbol{X}_{\text{GOC}}$ 由观测站的大地坐标(B, L, H)计算[21]。

表 2-1　坐标系的定义

坐 标 系	原点	参 考 平 面	直角坐标轴的指向
站心地平 坐标系 $\boldsymbol{X}_h$	站心	大地水准面	X_h 轴指北点； Z_h 轴指向天顶； Y_h 轴与 X_h、Z_h 构成左手系
ITRS 坐标系 （即地心地固坐标系） $\boldsymbol{X}_{GO}$	地球 质心	与地心和 CIO 连线 正交的平面——协议 赤道面	X_{GO} 轴指向参考平面与平均格林尼治子午面 的交点方向； Z_{GO} 轴指向 CIO； Y_{GO} 轴与 X_{GO}、Z_{GO} 轴构成右手系

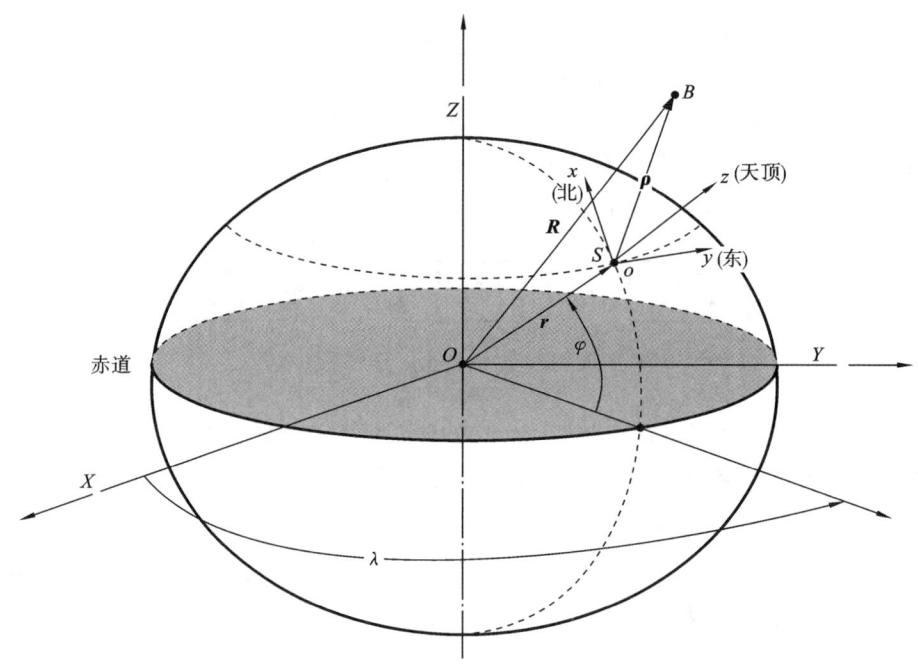

图 2-7　站心地平坐标系与 ITRS 坐标系

如果用$(\rho，A，E)$分别表示卫星在站心地平坐标系中的距离、方位和俯仰，并记

$$\boldsymbol{\rho}=\rho\begin{bmatrix}-\cos E\cos A\\\cos E\sin A\\\sin E\end{bmatrix}=\boldsymbol{P}_1\boldsymbol{X}_h \tag{2-5}$$

同时记

$$\boldsymbol{E}=\boldsymbol{R}_3(-\lambda)\boldsymbol{R}_2(\varphi-90°)$$

则由式(2-4)可得

$$\boldsymbol{X}_{GO}=\boldsymbol{X}_{GOC}+\boldsymbol{E}\boldsymbol{\rho} \tag{2-6}$$

2. ITRS 与 GCRS 坐标系的转换

ITRS 与 GCRS 坐标系的转换有基于春分点的经典转换方法和基于无旋转原点（Non-

Rotating Origin，NRO)的新方法。基于无旋转原点的转换方法可以参考相关文献[22][23]。

　　采用经典方法进行坐标转换的过程可用图 2-8 表示。基于不同的岁差章动模型[24]-[27]，图中各转换矩阵略有不同。

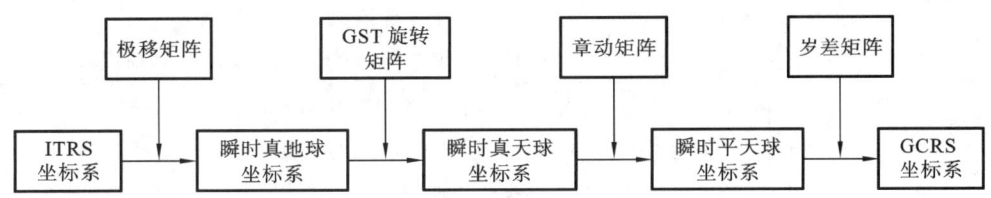

图 2-8　基于春分点的经典转换方法流程图

　　该转换流程涉及多个坐标系和矩阵变换，以实现从 ITRS 坐标系到 GCRS 坐标系的精确转换。首先，通过极移矩阵将 ITRS 坐标系转换为瞬时真地球坐标系，以反映地球自转轴的极移现象。接着，利用 GST 旋转矩阵将坐标系的 X 轴从瞬时赤道面与格林尼治子午面交线方向旋转到春分点方向，以描述地球的自转现象。接着，使用章动矩阵对 Z 轴进行旋转以描述地球自转轴的章动现象。最后，通过岁差矩阵将瞬时平天球坐标系转换为 GCRS 坐标系，以反映地球自转轴的岁差现象。这些步骤确保了坐标转换的准确性和可靠性，为研究地球和天体的运动规律提供了重要保障。

　　"IAU 76/FK5"是 ITRS 和 GCRS 坐标系之间的一种基于春分点的坐标转换方法[28]，它采用了 IAU 1976 岁差模型和 IAU 1980 章动模型。该方法于 1982 年正式投入使用，用于计算和发布所有太阳系天体的星表，至今在工程实践中仍经常被应用。在此转换方法中，ITRS 坐标系被称为地心地固坐标系(ECEF)，瞬时真地球坐标系被称为准地固坐标系(Pseudo Earth Fixed，PEF)，瞬时真天球坐标系缩写为 TOD(True of Date)，瞬时平天球坐标系缩写为 MOD(Mean of Date)，GCRS 坐标系被称为 J2000 坐标系。坐标系的定义如表 2-2 所示。

表 2-2　坐标系的定义

坐　标　系	原点	参 考 平 面	直角坐标轴的指向
ITRS 坐标系 (ECEF)$\boldsymbol{X}_{ECEF}$	地球质心	与地心和 CIO 连线正交的平面——协议赤道面	X_{ECEF}轴指向参考平面与平均格林尼治子午面的交点方向； Z_{ECEF}轴指向 CIO； Y_{ECEF}轴与 X_{ECEF}、Z_{ECEF}轴构成右手系
瞬时真地球坐标系 (PEF)$\boldsymbol{X}_{PEF}$	地心	瞬时真赤道	X_{PEF}轴指向瞬时赤道面与格林尼治子午面交线方向； Z_{PEF}轴为地球瞬时自转轴(真北极)； Y_{PEF}轴与 X_{PEF}、Z_{PEF}轴构成右手系
瞬时真天球坐标系 (TOD)$\boldsymbol{X}_{TOD}$	地心	瞬时真赤道	X_{TOD}轴指向瞬时真春分点； Z_{TOD}轴为地球瞬时自转轴(真北极)； Y_{TOD}轴在瞬时真赤道内，与 X_{TOD}、Z_{TOD}轴构成右手系

坐 标 系	原点	参考平面	直角坐标轴的指向
瞬时平天球坐标系（MOD）X_{MOD}	地心	瞬时平赤道	X_{MOD} 轴指向 t 时刻的平春分点；Z_{MOD} 轴垂直于平赤道面，指向 t 时刻的平极；Y_{MOD} 轴在 t 时刻平赤道内，与 X_{MOD}、Z_{MOD} 轴构成右手系
GCRS 坐标系（J2000）X_{J2000}	地心	历元平赤道	X_{J2000} 轴指向历元时刻的平春分点；Z_{J2000} 轴指向历元时刻的平极；Y_{J2000} 轴在历元时刻平赤道内，与 X_{J2000}、Z_{J2000} 轴构成右手系

ECEF 至 J2000 坐标系的坐标变换可表示为

$$[\text{J2000}]=\boldsymbol{C}_{\text{MOD}}^{\text{J2000}}\cdot\boldsymbol{C}_{\text{TOD}}^{\text{MOD}}\cdot\boldsymbol{C}_{\text{PEF}}^{\text{TOD}}\cdot\boldsymbol{C}_{\text{ECEF}}^{\text{PEF}}\cdot[\text{ECEF}]=\boldsymbol{P}\cdot\boldsymbol{N}\cdot\boldsymbol{R}\cdot\boldsymbol{W}\cdot[\text{ECEF}] \quad (2\text{-}7)$$

式中

$$\boldsymbol{C}_{\text{MOD}}^{\text{J2000}}\equiv\boldsymbol{P}=\boldsymbol{R}_3(\zeta_{\text{A}})\boldsymbol{R}_2(-\theta_{\text{A}})\boldsymbol{R}_3(z_{\text{A}}) \quad (2\text{-}8)$$

$\boldsymbol{P}$ 为岁差矩阵，z_{A}、ζ_{A} 和 θ_{A} 为赤道岁差角[22]。

$$\boldsymbol{C}_{\text{TOD}}^{\text{MOD}}\equiv\boldsymbol{N}=\boldsymbol{R}_1(-\varepsilon_{\text{A}})\boldsymbol{R}_3(\Delta\psi)\boldsymbol{R}_1(\varepsilon_{\text{A}}+\Delta\varepsilon) \quad (2\text{-}9)$$

$\boldsymbol{N}$ 为章动矩阵，ε_{A} 为平黄赤交角，$\Delta\psi$ 为黄经章动，$\Delta\varepsilon$ 为交角章动[22]。

$$\boldsymbol{C}_{\text{PEF}}^{\text{TOD}}\equiv\boldsymbol{R}=\boldsymbol{R}_3(-\text{GST}) \quad (2\text{-}10)$$

GST 为格林尼治恒星时[22]。

$$\boldsymbol{C}_{\text{ECEF}}^{\text{PEF}}\equiv\boldsymbol{W}=\boldsymbol{R}_1(y_{\text{p}})\boldsymbol{R}_2(x_{\text{p}}) \quad (2\text{-}11)$$

$\boldsymbol{W}$ 为极移矩阵，x_{p}、y_{p} 为极移分量[22]。

上述公式中的一些章动、岁差角度等参数的计算可以参考相关文献[29]-[31]。

"新视野"号探测器是美国国家航空航天局研制的无人飞船，于 2006 年发射，2015 年飞越冥王星[32]。在飞越过程中，探测器使用"IAU 76/FK5"坐标转换方法进行精确定位。

练 习 题

1. 请简述岁差、章动和极移的定义。

2. 简述世界时（UT）与世界协调时（UTC）的关系与特点。

3. 雷达定轨中，采用基于春分点的方法（IAU 76/FK5 方法）进行 ITRS 到 GCRS 坐标系的转换需要经过几个中间坐标系？请以框图形式描述转换流程，并说明各中间坐标系的原点位置，以及 X 轴、Y 轴、Z 轴的指向。

4. 春分点、秋分点、夏至点、冬至点分别是图 2-9 中 A、B、C、D 中的哪一个？请简述它们的含义。

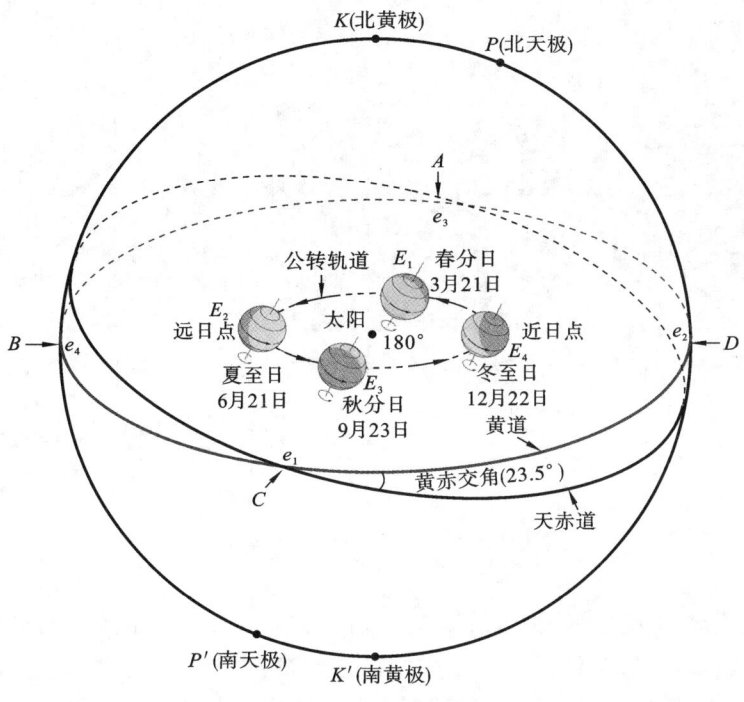

图 2-9　练习题 4 图

第3章

轨道运动原理

在只考虑地球引力的前提下,航天器的运动被定义为二体问题,但实际情况中存在诸多微小因素,导致二体问题并不成立。这些微小因素引起的卫星轨道扰动称为轨道摄动。为执行特定任务,航天器需要具备按指令改变轨道的能力,这通常通过轨道机动技术实现。

本章从二体运动、摄动分析和轨道机动三个方面初步研究航天器的轨道运动原理,主要内容包括轨道根数、二体运动特性、摄动因素、轨道机动等。同时,利用 STK 软件设计仿真用例来研究摄动因素对轨道的影响,并生成了轨道仿真数据作为下一章雷达探测建模的数据源。

3.1 开普勒轨道根数

几百年前,开普勒提出了一个直观的方法,用六个参数描述轨道的大小、形状、方位以及卫星的位置。这六个参数被称为经典轨道根数(Classic Orbit Elements,COE)或开普勒轨道根数[33],用于完整地描述一个轨道和轨道上卫星的位置。这六个参数如下。

(1)半长轴 a:用来衡量轨道的大小。

(2)偏心率 e:用来确定轨道的形状。

(3)轨道倾角 i:用来确定轨道平面的倾斜程度。

(4)升交点赤经 Ω:用来确定升交点的方位。

(5)近地点幅角 ω:用来确定近地点的方位。

(6)真近点角 f:用来确定卫星在轨道上的位置。

开普勒深入探索行星运动规律时,提出了开普勒轨道根数。这些根数在天文学和航天科学的发展中具有举足轻重的地位,为现代航天学和天文学奠定了理论基础,并在实际应用中发挥关键作用。

本节将详细讲述各个经典轨道根数的定义及其物理意义。

3.1.1　经典轨道根数

1. 半长轴

围绕地球运转的卫星沿椭圆轨道(圆轨道是椭圆轨道的一个特例)运行,半长轴 a 用于确定椭圆轨道的大小,其长度是椭圆长轴的一半,如图 3-1 所示,单位一般用千米表示,也可用地球赤道半径或天文单位表示。

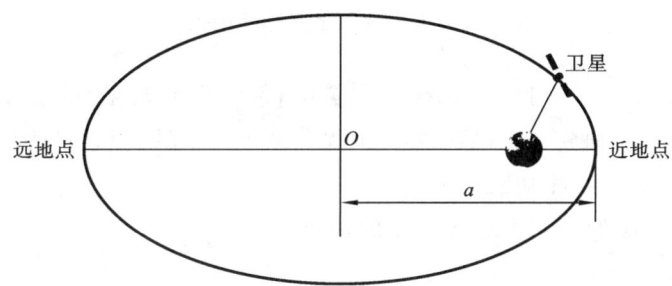

图 3-1　轨道半长轴示意图

2. 偏心率

如图 3-2 所示,偏心率 e 的定义为椭圆两焦点之间的距离与长轴的比值

$$e = \frac{2c}{2a} = \frac{c}{a} \qquad (3\text{-}1)$$

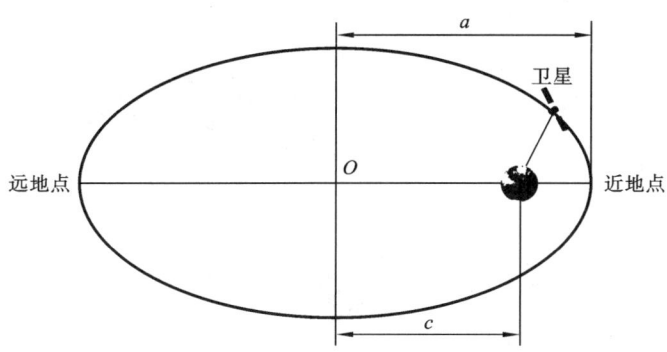

图 3-2　偏心率的定义

在圆锥曲线中,用偏心率表示圆锥曲线的"不圆度"。轨道的形状由偏心率决定,对不同的偏心率范围,轨道形状会呈现不同的圆锥曲线,如图 3-3 所示。

(1)偏心率为 0 时轨道是圆,此时椭圆的两个焦点重合,$c=0$。

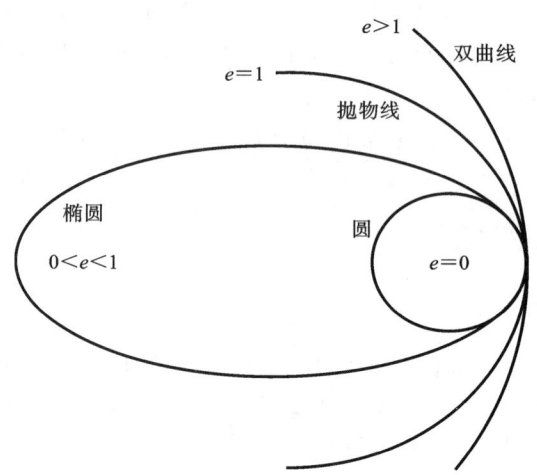

图 3-3　偏心率与轨道形状的关系

（2）偏心率在大于 0 且小于 1 时轨道是椭圆，偏心率越大椭圆越扁。

（3）偏心率等于 1 时轨道是抛物线，此时抛物线的半长轴 a 和半焦距 c 都趋于无穷大。

（4）偏心率大于 1 时轨道是双曲线。

在本书中，不考虑偏心率大于等于 1 的情况。

3．轨道倾角

轨道倾角 i 定义为轨道平面与地球赤道平面的夹角，可以通过一个固定的轨道倾角描述轨道平面相对于赤道平面的倾斜程度。

轨道倾角可以用两个平面之间的夹角表示，但是两个平面的夹角既有锐角也有钝角，为了便于准确界定，可以用两个平面的法向量之间的夹角来确定轨道倾角。轨道倾角的定义如图 3-4 所示，n 为轨道平面的法向量，K 为赤道平面的法向量，两矢量之间的

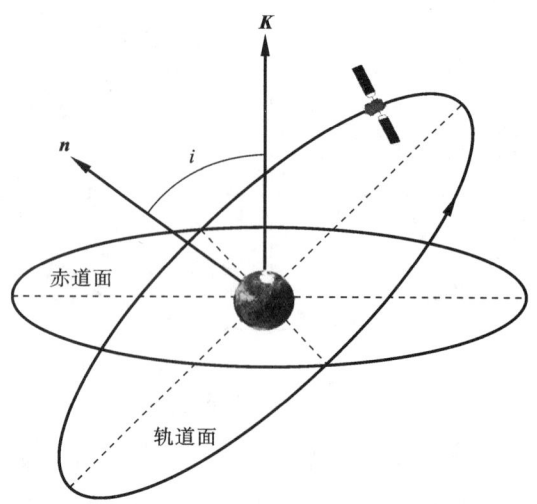

图 3-4　轨道倾角的定义

夹角即为轨道倾角。n 的方向可以根据卫星的运动方向由右手法则确定。法向量 K 垂直于赤道平面,指向北极方向。轨道倾角的取值范围为 $0° \leqslant i \leqslant 180°$。

4. 升交点赤经

升交点赤经 Ω 是沿着地球自转方向,从春分点到轨道升交点对地心转过的张角,如图 3-5 所示。它和轨道倾角同样用于描述轨道的方位。升交点赤经的取值范围是 $0° \leqslant \Omega < 360°$。

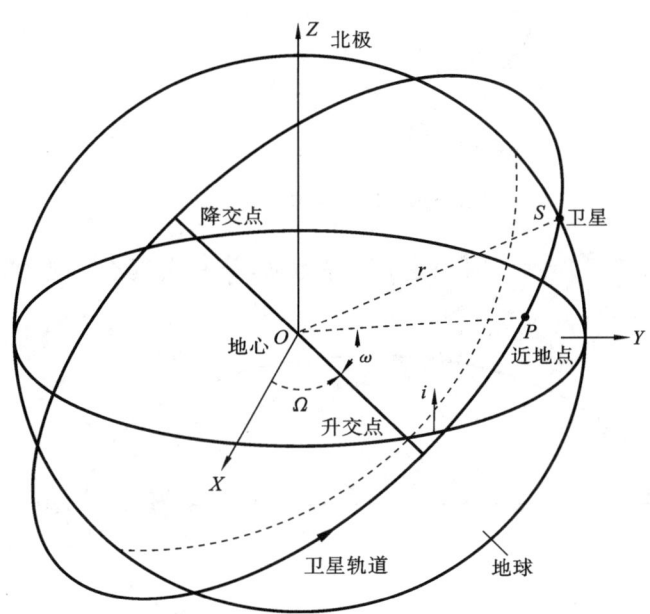

图 3-5 升交点赤经的定义

轨道倾角和升交点赤经共同决定了轨道平面在空间的方位,其中轨道倾角确定轨道平面的"倾斜"程度,而升交点赤经确定轨道平面的"旋转"程度。

5. 近地点幅角

现在已经知道轨道的半长轴 a、偏心率 e、轨道倾角 i 以及升交点赤经 Ω,但是还不能完全确定一个轨道,因为还不知道轨道在平面内是如何定向的。例如,对于一个椭圆轨道,知道以上 4 个参数,已经能确定这个轨道的大小、形状、倾斜和旋转的程度,但无法确定它的近地点是在北半球还是南半球。所以还需要第五个轨道参数,即近地点幅角。

目标和地心连线沿轨道运动的方向从升交点到近地点对地心转过的张角称为近地点幅角 ω,如图 3-6 所示。该角度被用来决定椭圆轨道在轨道平面内的方位,它的范围是 $0° \leqslant \omega < 360°$。

6. 真近点角

要确定目标在椭圆轨道上的位置,还需一个参数描述目标在轨道上的方位。这个参数是目标和地心连线沿卫星运动的方向,从近地点到目标当前位置对地心转过的张角称

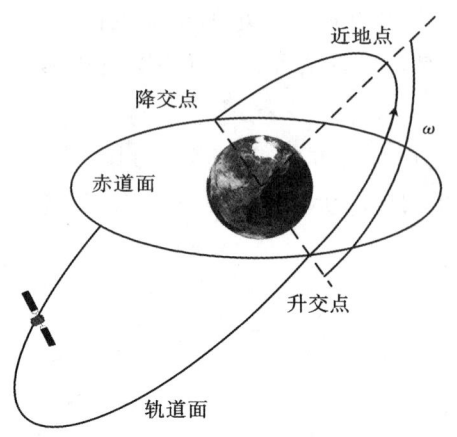

图 3-6　近地点幅角的定义

为真近点角 f，如图 3-7 所示。因为卫星不停运动，只有真近点角随时间变化而变化，其取值范围为 $0° \leqslant f < 360°$。

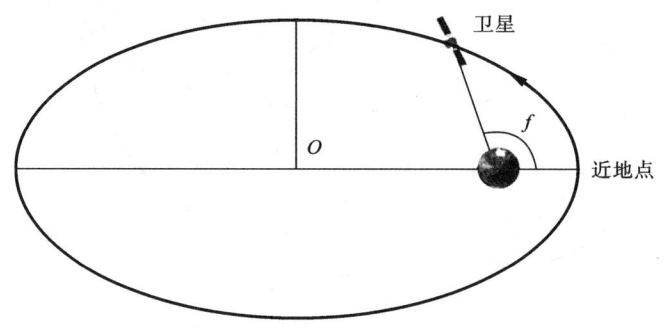

图 3-7　真近点角的定义

为便于计算，经常会用平近点角 M 代替真近点角，其定义为

$$M = n \cdot \Delta t \tag{3-2}$$

假定卫星在整个轨道运行期间都按照平均角速度 n 匀速运动（n 的计算公式将在3.2.2节给出），则其在 Δt 时间内相对中心 O 所转过的角度称为平近点角。由于平近点角是随时间变化而匀速变化的，便于人工判断和理解，因此在许多空间目标相关数据输出和存储中，都用 M 代替 f 作为轨道根数的输出格式。

3.1.2　备用轨道根数

在前文中已经讲解了六个经典轨道根数。通常情况下，只要确定这六个轨道根数，就能完全确定卫星的运行轨道和它的位置，但这些参数并非在所有的情况下都有意义。例如，圆形轨道就没有近地点，因为轨道上任意一点到地心的距离都是一样的。此时，就无法确定近地点幅角 ω 或者真近点角 f，因为这两个参数都必须以近地点作为参考点。为了弥补这些不足,有时需要引入备用轨道根数来代替这两个参数。通常,对于一些特殊轨道,有一个或者多个经典轨道根数无法定义,需要利用卫星的位置矢量定义下面的量[34]。

对于圆形轨道的例子,用第一个备用根数——沿迹角 u(也称升交角距)代替真近点角确定卫星的位置。沿轨道运行方向测量升交点到卫星当前位置相对地心的张角,称为沿迹角 u,如图 3-8 所示。对于在圆形轨道上运行的卫星,只需要五个参数即可描述卫星的运行规律,用沿迹角 u 代替近地点幅角 ω 和真近点角 f。

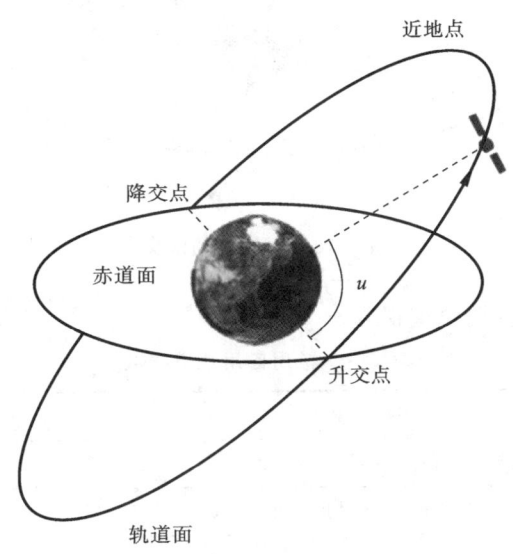

图 3-8　沿迹角的定义

另外一种需要备用轨道根数的情况是赤道轨道($i=0°$或者 $180°$)。此时,赤道平面与轨道平面重合,因此升交点不存在。这时升交点赤经 Ω 和近地点幅角 ω 都无法定义,需要用其他的备用根数代替它们,这就是近地点经度 Π。沿轨道运行方向测量春分点与近地点相对地心的张角,称为近地点经度 Π,如图 3-9 所示。对于在赤道轨道上运行的卫星,只需要五个参数即可描述卫星的运行规律,用近地点经度 Π 代替升交点赤经 Ω 和近地点幅角 ω。

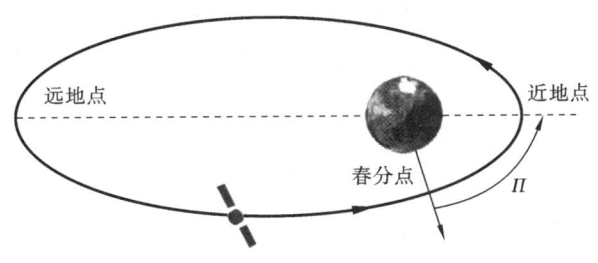

图 3-9　近地点经度

最后是圆形赤道轨道,它既没有近地点,也没有升交点,于是升交点赤经 Ω、近地点幅角 ω 和真近点角 f 都无法定义,可以使用最后一个备用根数——真经度 l 代替它们。

沿轨道运行方向测量春分点与卫星当前位置相对地心的张角,称为真经度 l,如图 3-10 所示。对于在圆形赤道轨道上运行的卫星,用真经度 l 代替升交点赤经 Ω、近地点幅角 ω 和真近点角 f,因此,只需要四个参数即可描述卫星的运行规律。

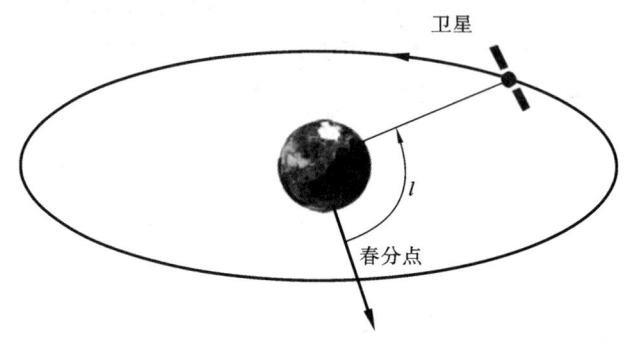

图 3-10 真经度的定义

表 3-1 总结了常用备用轨道根数。

表 3-1 常用备用轨道根数

符号	名 称	描 述	范 围	应用条件
u	沿迹角(升交角距)	升交点和卫星对地心的张角	$0 \leqslant u < 360°$	圆形轨道($e=0$)
$\varPi$	近地点经度	春分点和近地点对地心的张角	$0 \leqslant \varPi < 360°$	赤道轨道($i=0°/180°$)
l	真经度	春分点和卫星对地心的张角	$0 \leqslant l < 360°$	圆形赤道轨道($e=0$ 且 $i=0°/180°$)

3.2 二 体 问 题

若将地球视为均质圆球,则它对航天器的吸引可等效为点质量。这样地球和航天器就构成一个二体系统,可在协议天球坐标系考虑航天器相对地心的运动。

设航天器的位置矢量为 $\boldsymbol{r}$、万有引力常数为 G、地球质量为 M,则由牛顿万有引力定律和牛顿第二定律可得航天器的运动方程为[21]

$$\ddot{\boldsymbol{r}} + \frac{\mu}{r^3}\boldsymbol{r} = 0 \tag{3-3}$$

式中:μ 为地球引力常数,$\mu = GM$。

3.2.1 二体运动的特性

本节讨论二体运动的一些重要特性。

1. 动量矩守恒

用 r 叉乘式(3-3),经推导可得[21]

$$r \times v = h \tag{3-4}$$

式中:h 是常矢量,它具有如下特性:① h 表示的是单位质量的动量矩,也称比角动量;② 因 h 为常矢量,所以二体系统的动量矩守恒;③ 因 h 垂直于 r 和 v,故垂直于运动平面,所以该运动平面的方位在协议天球坐标系 $O\text{-}XYZ$ 中是固定不变的,如图 3-11 所示。

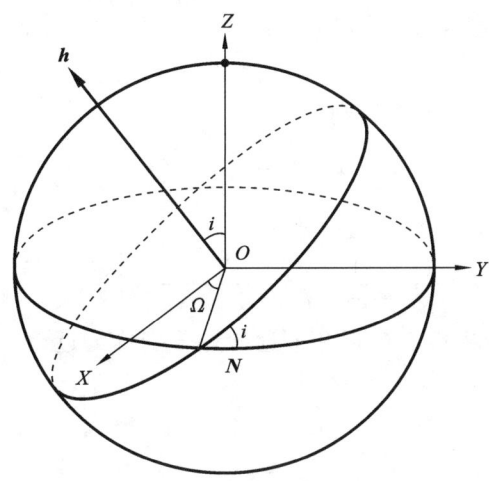

图 3-11 轨道平面的方向

例 3.1 已知某卫星沿椭圆轨道运行,其近地点到地心的距离为 r_p,速度为 ν_p,远地点到地心距离为 r_A,速度大小为 ν_A。

试证明:$\dfrac{r_p}{r_A} = \dfrac{\nu_A}{\nu_p}$。

证明 已知 $h = r \times v$,而在近地点和远地点有

$$r_A \perp v_A \quad r_P \perp v_P$$

所以

$$h = r_A \nu_A = r_p \nu_p$$

于是有

$$\frac{r_p}{r_A} = \frac{\nu_A}{\nu_P}$$

2. 轨道方程

将式(3-3)与 h 叉乘,经推导可得[21]

$$v \times h = \mu \left(\frac{r}{r} + e \right) = \frac{\mu}{r}(r + re) \tag{3-5}$$

式(3-5)称为轨道积分方程,其中 e 是常矢量。

令 r 与 e 的夹角为 f,将式(3-5)与 r 点乘,经化简有

$$r = \frac{h^2}{\mu} \cdot \frac{1}{1 + e\cos f} \tag{3-6}$$

式(3-6)是二体运动的轨道方程,有以下特性。

(1) 它是极坐标形式的圆锥曲线方程。

(2) e 表示的是圆锥曲线的偏心率,故 e 称为偏心率矢量。e 的大小表示了轨道的形状:$e=0$ 为圆轨道,$0<e<1$ 为椭圆轨道,$e=1$ 为抛物线轨道,$e>1$ 为双曲线轨道。抛物线轨道是介于椭圆轨道和双曲线轨道的中间状态。

(3) 当 $f=0°$ 时,r 达到最小,所以 e 也称为近地点矢量,指向近地点,f 就是轨道根数中的真近点角。

(4) 设圆锥曲线的半通径为 p,则

$$p = \frac{h^2}{\mu} = a(1 - e^2) \tag{3-7}$$

所以式(3-6)可改写成

$$r = \frac{h^2}{\mu} \frac{1}{1 + e\cos f} = \frac{p}{1 + e\cos f} = \frac{a(1 - e^2)}{1 + e\cos f} \tag{3-8}$$

(5) 卫星在轨道上距离地心最近和最远的点分别称为近地点 $r_{\min}$ 和远地点 $r_{\max}$,它们分别为

$$\begin{cases} r_{\min} = a(1 - e) \\ r_{\max} = a(1 + e) \end{cases} \tag{3-9}$$

3. 机械能守恒

利用式(3-5),两边平方(点乘),并利用式(3-8),经推导可得[21]

$$v^2 = \mu \left(\frac{2}{r} - \frac{1}{a} \right) \tag{3-10}$$

式(3-10)称为活力公式,它将卫星的速度与卫星的地心距关联起来。同时,由于速度与卫星的动能相关,地心距与卫星的势能相关,因此可推导出卫星在轨道运动过程中的机械能,动能 E_k 和势能 E_p 之和为常量,即

$$E_{\text{tot}} = E_k + E_p = \frac{1}{2} m v^2 - \frac{\mu m}{r} = -\frac{1}{2} \frac{\mu m}{a} \tag{3-11}$$

式中:m 为卫星的质量。式(3-11)也称为卫星轨道的能量定律,显然,卫星的总体机械能只与卫星的半长轴相关,且对围绕地球运动的椭圆轨道,其总体机械能为负值。

对于圆轨道($r=a$)卫星,可利用活力公式计算出卫星的速度为

$$v_c = \sqrt{\frac{\mu}{a}} \tag{3-12}$$

对于椭圆轨道,可以推导出卫星的速度在近地点处取得最大值

$$v_{\max} = \sqrt{\frac{\mu}{a} \cdot \frac{1 + e}{1 - e}} \tag{3-13}$$

在远地点处取得最小值

$$v_{\min} = \sqrt{\frac{\mu}{a} \cdot \frac{1 - e}{1 + e}} \tag{3-14}$$

3.2.2　开普勒方程

下面分析卫星运动位置与时间的关系。建立轨道平面坐标系,如图 3-12 所示,其原点为地球质心,X 轴指向近地点方向,Y 轴在轨道平面内与 X 轴垂直。

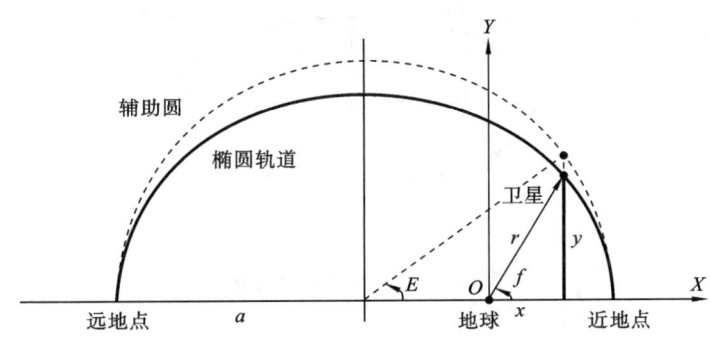

图 3-12　偏近点角 E 的定义

引入辅助变量偏近点角 E,如图 3-12 所示,卫星在轨道平面坐标系中的位置可表示为

$$\begin{cases} x = r\cos f = a(\cos E - e) \\ y = r\sin f = a\sqrt{1-e^2}\sin E \end{cases} \tag{3-15}$$

真近点角与偏近点角的关系[21] 为

$$\tan\frac{f}{2} = \sqrt{\frac{1+e}{1-e}}\tan\frac{E}{2} \tag{3-16}$$

由式(3-15),经推导可得[21]

$$E(t) - e\sin E(t) = M(t) \tag{3-17}$$

式(3-17)即为开普勒方程,其中 t 为当前时间,$M(t)$ 为平近点角,定义为

$$M(t) = n(t-\tau) \tag{3-18}$$

式中:τ 是卫星最近一次经过近地点的时间;n 为平均角速度,$n = \sqrt{\mu/a^3}$。

开普勒方程通过偏近点角 E,将当前时间 t 与卫星的真近点角 f 联系到一起。为了得到 t 时刻卫星的位置,必须先知道卫星最近一次过近地点的时间 τ 和轨道的偏心率 e,再利用轨道半长轴 a 计算平均角速度 n,进而计算平近点角 $M(t)$,再根据开普勒方程计算偏近点角 $E(t)$,最后求得真近点角 f。

当初始时刻为 t_0 时,由式(3-17)可得

$$\sqrt{\frac{\mu}{a^3}}(t-t_0) = (E-E_0) - e(\sin E - \sin E_0) \tag{3-19}$$

设 $\Delta E = E - E_0$,根据三角公式,式(3-19)可转化为[21]

$$\sqrt{\frac{\mu}{a^3}}(t-t_0) = \Delta E + \frac{\boldsymbol{r}_0 \cdot \boldsymbol{v}_0}{\sqrt{\mu a}}(1-\cos\Delta E) - \left(1-\frac{r_0}{a}\right)\sin\Delta E \tag{3-20}$$

例 3.2　已知某卫星轨道半长轴 $a = 16000$ km,偏心率 $e = 0.5$,如图 3-13 所示。图

中 O 为椭圆中心，O_E 为地心。取地球引力常数 $\mu = 4 \times 10^5$ km³·s⁻²，求：

(1) 该卫星近地点 P、远地点 A 的地心距离（单位为 km）。

(2) C、D 两点的地心距离（单位为 km）和速度（单位为 km/s）。

(3) 卫星从 P 点运动到 D 点经过的时间（单位为 s）。

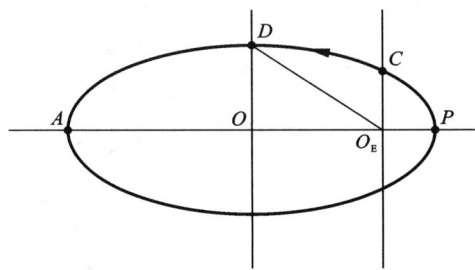

图 3-13　卫星运动示意图

解　(1) 根据式(3-9)，有

$$r_P = a(1-e) = \frac{a}{2} = 8000 \text{ km}, \quad r_A = a(1+e) = \frac{3}{2}a = 24000 \text{ km}$$

(2) C 点对应真近点角 $f = 90°$，代入式(3-8)和(3-10)可得

$$r_C = a(1-e^2) = \frac{3}{4}a = 12000 \text{ km}, \quad v_C = \sqrt{\mu\left(\frac{2}{r_C} - \frac{1}{a}\right)} = \frac{5}{3}\sqrt{15} \text{ km/s} = 6.455 \text{ km/s}$$

根据椭圆的定义，可得

$$r_D = a = 16000 \text{ km}, \quad v_D = \sqrt{\mu\left(\frac{2}{r_D} - \frac{1}{a}\right)} = 5 \text{ km/s}$$

(3) 卫星在 P 点的真近点角为 $f_P = 0°$，依据平近点角定义，卫星在 P 点的平近点角为

$$M_P = 0$$

由直角三角形 ODO_E 的几何关系易得卫星在 D 点的真近点角（$\angle PO_ED$）为

$$f_D = 180° - \arccos e = 120°$$

代入式(3-16)，可得

$$E_D = 2\arctan 1 = \frac{\pi}{2}$$

再代入开普勒方程(3-17)，可得

$$M_D = E_D - e\sin E_D = \frac{\pi}{2} - \frac{1}{2}$$

卫星在轨道上运行一周的平均角速度为

$$n = \sqrt{\frac{\mu}{a^3}} = \frac{1}{3200} \text{ rad/s}$$

代入式(3-18)，可得

$$\Delta t = \frac{M_D - M_P}{n} = 1600(\pi - 1) \text{ s}$$

3.2.3　轨道根数与位置矢量和速度矢量之间的关系

1. 由位置矢量和速度矢量计算轨道根数

已知某时刻 t 的位置矢量 $\boldsymbol{r}$ 和速度矢量 $\boldsymbol{v}$,计算轨道根数的步骤如下。

(1) 计算比角动量 $\boldsymbol{h}$。

$$\boldsymbol{h} = \boldsymbol{r} \times \boldsymbol{v} \tag{3-21}$$

(2) 根据轨道积分方程(3-5)计算偏心率 e。

$$\boldsymbol{e} = \frac{1}{\mu}(\boldsymbol{v} \times \boldsymbol{h}) - \frac{1}{r} \cdot \boldsymbol{r} \tag{3-22}$$

$$e = |\boldsymbol{e}| \tag{3-23}$$

(3) 计算半长轴 a。

$$a = \frac{h^2}{\mu(1 - e^2)} \tag{3-24}$$

(4) 计算轨道倾角 i。

如图 3-14 所示,根据轨道倾角的定义,有

$$\boldsymbol{h} \cdot \boldsymbol{K} = hK\cos i \tag{3-25}$$

式中:$\boldsymbol{K}$ 为赤道平面的法向量,在 J2000 坐标系下,$\boldsymbol{K} = (0, 0, 1)^{\mathrm{T}}$。由此可得

$$i = \arccos \frac{h_Z}{h} \tag{3-26}$$

(5) 计算升交点赤经 Ω。

如图 3-14 所示,定义方向向量

$$\boldsymbol{N} = \boldsymbol{K} \times \boldsymbol{h} \tag{3-27}$$

显然 $\boldsymbol{N}$ 的方向指向升交点。同时在 J2000 坐标系下,X 轴指向春分点。所以,升交点赤经 Ω 即是从坐标轴 X 沿着地球自转方向转动到向量 $\boldsymbol{N}$ 的角度,因此有

$$\cos\Omega = \frac{N_X}{N} \tag{3-28}$$

于是可以求得

$$\Omega = \begin{cases} \arccos\left(\dfrac{N_X}{N}\right), & N_Y \geqslant 0 \\ 2\pi - \arccos\left(\dfrac{N_X}{N}\right), & N_Y < 0 \end{cases} \tag{3-29}$$

(6) 计算近地点幅角 ω。

如图 3-14 所示,近地点幅角 ω 可以看作从向量 $\boldsymbol{N}$ 沿着卫星运动方向转动到偏心率矢量 $\boldsymbol{e}$ 的角度,于是有

$$\boldsymbol{N} \cdot \boldsymbol{e} = Ne\cos\omega \tag{3-30}$$

由此可得

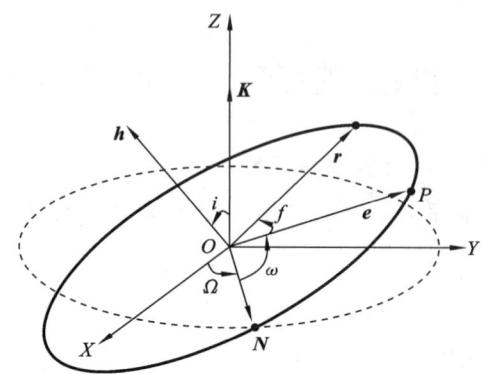

图 3-14　位置矢量和速度矢量与轨道根数转换参考图

$$\omega=\begin{cases}\arccos\dfrac{N\cdot e}{Ne}, & e_Z\geqslant0\\[2mm]2\pi-\arccos\dfrac{N\cdot e}{Ne}, & e_Z<0\end{cases}\quad(3\text{-}31)$$

（7）计算真近点角 f。

如图 3-14 所示，真近点角 f 可以看作从偏心率矢量 e 沿着卫星运动方向转动到位置矢量 r 的角度，于是有

$$e\cdot r=er\cos f\qquad(3\text{-}32)$$

由此可得

$$f=\begin{cases}\arccos\dfrac{e\cdot r}{er}, & \nu_r\geqslant0,\\[2mm]2\pi-\arccos\dfrac{e\cdot r}{er}, & \nu_r<0,\end{cases}\quad \nu_r=v\cdot\dfrac{r}{r}\qquad(3\text{-}33)$$

2. 由轨道根数计算位置矢量和速度矢量

引入轨道坐标系 $O\text{-}x''y''z''$，其中，x''轴与 e 重合，z''轴与 h 重合，y''与 x''轴和 z''轴构成右手坐标系，如图 3-15 所示。

由图 3-15 可知，协议天球坐标系 $O\text{-}XYZ$ 与轨道坐标系 $O\text{-}x''y''z''$ 的转换关系为

$$\begin{bmatrix}X\\Y\\Z\end{bmatrix}=R_3(-\Omega)R_1(-i)R_3(-\omega)\begin{bmatrix}x''\\y''\\z''\end{bmatrix}\qquad(3\text{-}34)$$

若已知天体在任何时刻 t 的 r 和 f，则在如图 3-15 所示的轨道坐标系 $O\text{-}x''y''z''$中有

$$\begin{bmatrix}x''\\y''\\z''\end{bmatrix}=\begin{bmatrix}r\cos f\\r\sin f\\0\end{bmatrix}\qquad(3\text{-}35)$$

根据协议天球坐标系与轨道坐标系的转换关系式(3-34)，可得位置矢量在协议天球坐标系下的表达式，将表达式右端展开后，可得

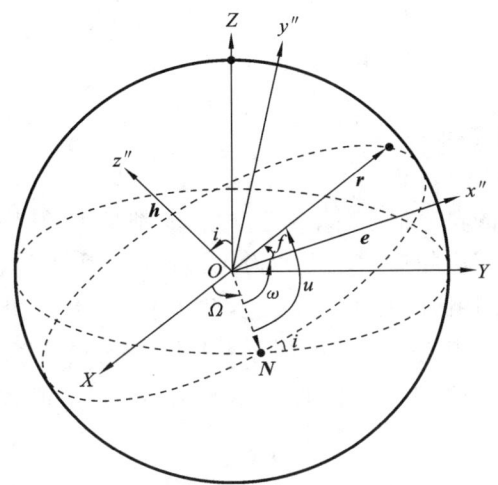

图 3-15　轨道坐标系 $O\text{-}x''y''z''$

$$\boldsymbol{r}=\boldsymbol{R}_3(-\Omega)\boldsymbol{R}_1(-i)\boldsymbol{R}_3(-\omega)\begin{bmatrix}r\cos f\\r\sin f\\0\end{bmatrix}=r\cos f\cdot\boldsymbol{P}+r\sin f\cdot\boldsymbol{Q} \tag{3-36}$$

式中：$\boldsymbol{P}$、$\boldsymbol{Q}$ 分别为 x''、y'' 轴的单位向量，它们在 $O\text{-}XYZ$ 坐标系下可表示为

$$\boldsymbol{P}=\boldsymbol{R}_3(-\Omega)\boldsymbol{R}_1(-i)\boldsymbol{R}_3(-\omega)\begin{bmatrix}1\\0\\0\end{bmatrix}=\begin{bmatrix}\cos\Omega\cos\omega-\sin\Omega\sin\omega\cos i\\\sin\Omega\cos\omega+\cos\Omega\sin\omega\cos i\\\sin\omega\sin i\end{bmatrix} \tag{3-37}$$

$$\boldsymbol{Q}=\boldsymbol{R}_3(-\Omega)\boldsymbol{R}_1(-i)\boldsymbol{R}_3(-\omega)\begin{bmatrix}0\\1\\0\end{bmatrix}=\begin{bmatrix}-\cos\Omega\sin\omega-\sin\Omega\cos\omega\cos i\\-\sin\Omega\sin\omega+\cos\Omega\cos\omega\cos i\\\cos\omega\sin i\end{bmatrix} \tag{3-38}$$

$\boldsymbol{P}$ 和 $\boldsymbol{Q}$ 为 3 个轨道根数 Ω、ω、i 的函数，是常矢量。式(3-36)中的自变量为真近点角 f，所以对式(3-36)求导可得速度矢量的表达式为[21]

$$\dot{\boldsymbol{r}}=\boldsymbol{R}_3(-\Omega)\boldsymbol{R}_1(-i)\boldsymbol{R}_3(-\omega)\begin{bmatrix}-\dfrac{h}{p}\sin f\\\dfrac{h}{p}(e+\cos f)\\0\end{bmatrix}=-\dfrac{h}{p}\sin f\cdot\boldsymbol{P}+\dfrac{h}{p}(e+\cos f)\cdot\boldsymbol{Q}$$

$$\tag{3-39}$$

3.3　轨道摄动问题

本节探讨轨道摄动问题，首先概述轨道摄动的基本概念，然后介绍受摄轨道的根数，

并分析主要摄动项对航天器轨道的具体影响。这些内容对分析航天器的运动特性具有重要意义。

3.3.1 轨道摄动概述

在二体问题中,卫星的轨道根数(除真近点角外)都是不随时间变化的常数,这种条件下的运动称为无摄运动,相应的运动轨道称为无摄轨道。当卫星在太空中运动时,会受到各种作用力的影响,如太阳引力、大气阻力等,这些作用力统称为摄动力。在摄动力作用下,卫星的运动称为受摄运动,相应的轨道称为受摄轨道。受摄轨道示意图如图 3-16 所示,受摄轨道的轨道根数是随时间变化而变化的,受摄轨道与无摄轨道之间的差值称为轨道残差。

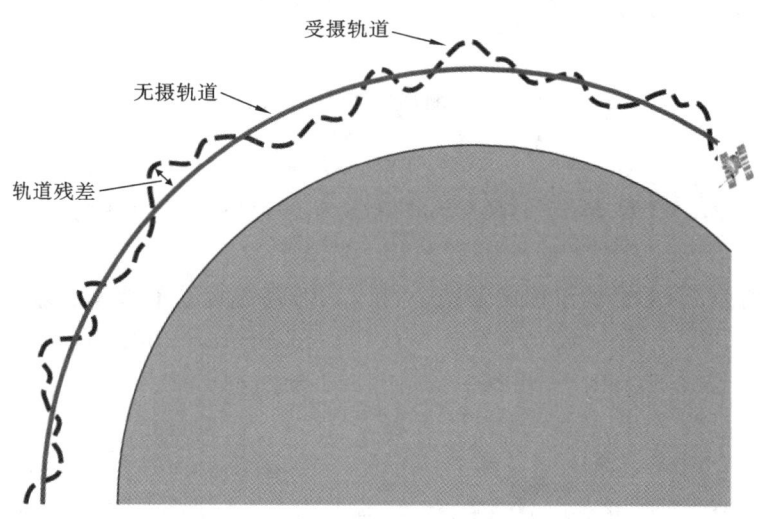

受摄轨道

无摄轨道

轨道残差

图 3-16 受摄轨道示意图

求解受摄运动微分方程主要有解析法和数值积分法两大类方法。解析法能够给出解的分析表达式,从而可以明确地了解和解析卫星的运动规律,便于进行定性和定量研究。然而,其局限性在于大部分情况下只能得到近似的解,有时甚至无法满足精度要求。数值积分法可以弥补这种不足,它可以精确地将各种影响因素以函数形式纳入运动方程,并选择合适的步长和阶数,原则上可以获得任意高精度的解。随着计算技术的进步,数值积分法在轨道计算中的应用越来越广泛。不过,数值积分法只提供了离散的特解,这并不利于研究卫星运动的一般规律。因此,在实际应用中,通常会根据具体情况选择合适的方法来求解受摄运动的微分方程。

在研究空间目标的轨道运动时应该充分考虑卫星所受作用力的特点。这个力可以分解为中心力和附加的摄动力。摄动力主要包括地球引力场非球形部分引起的扰动力、大气阻力、日月引力及太阳光压等。

卫星在轨道上运行受到各种力源的综合作用,卫星的真实轨道是在这些力源的综合影响下形成的。根据对轨道的影响,可以将这些受力因素进行分类,结果如图 3-17 所示。卫星的整体受力可以分为中心力和非中心力,中心力即二体问题的万有引力,非中心力即摄动力。非中心力又分为保守力和非保守力。其中,保守力主要是指引力导致的摄动力,包括地球、月球、太阳等对卫星的引力作用,保守力不改变卫星的机械能,只会造成动能与势能的相互转换;非保守力是指非引力的其他摄动力,它们是卫星损失机械能的主要原因,包括大气阻力、太阳光压、地球光压等。保守力不损失机械能,造成的摄动是周期摄动;非保守力会损失机械能,造成的摄动中既有周期摄动,也有长期摄动。

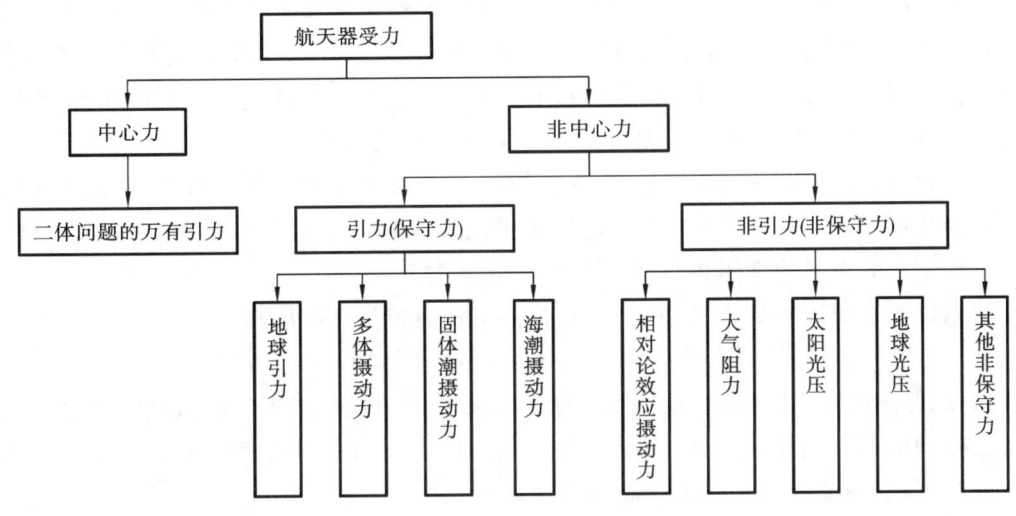

图 3-17　卫星受力的分类示意图

按照摄动随时间变化的特性,卫星的轨道摄动可以分为两大类:周期摄动与长期摄动。其中长期摄动是指导致轨道相关参数随时间单调增加或者减少的摄动。这类摄动迫使卫星越来越远离其无摄运动的路径。长期摄动项是时间间隔 $t-t_0$ 的线性函数或多项式,它随时间的增长无限制地增加或减小,故在较长时间内累积影响十分显著。

周期摄动是指导致轨道相关参数随时间做周期性变化的摄动。周期摄动分为以下两种。

(1) 长周期摄动(Long-periodic):指摄动周期大于一个轨道周期的摄动,一般比轨道周期大一到两个量级,具有几十天甚至一年以上的摄动周期。

(2) 短周期摄动(Short-periodic):摄动周期与轨道周期的量级相同或更小,一般只有几小时,其振荡幅度也相对较小。

周期项的振幅较小,在较长时间内它们对卫星位置总的影响很小。对一些周期很大的长周期摄动,在相对较短的时间内也可作为长期项处理,这相当于用多项式逼近周期函数。

在轨道力学中,航天器真实轨道参数偏离二体问题时椭圆轨道参数的差值称为轨道残差,简称残差。周期摄动表现为残差在某均值两侧反复摆动,反映轨道根数在平均值上下变化;长期摄动表现为残差随时间变化逐渐增大或减小。利用近地点、远地点、轨道高度分析摄动影响时,各参数有独特变化特点,研究各轨道根数的摄动特性方法称为摄动分析法[35]。

3.3.2 受摄轨道的轨道根数

1. 密切轨道根数与平均轨道根数

空间目标的受摄运动可以用一系列位置矢量和速度矢量描述。在任意时刻 t,都存在一组开普勒轨道根数与该时刻的位置矢量和速度矢量一一对应,这些轨道根数即是时刻 t 的密切轨道根数。在二体运动条件下,密切轨道根数对应的运动轨道称为密切轨道。

考虑摄动因素的影响,密切轨道根数中每一个参数都是随时间变化而不断变化的,它包括各类摄动力导致的长期和周期摄动。密切轨道根数主要应用于高精度轨迹的表示,在高精度轨道预报、实时定位和跟踪中有非常重要的作用。

平均轨道根数是某一时间段内的密切轨道根数的平均值。平均轨道根数同样也是随时间变化而不断变化的,但它的变化较为平缓。根据平均轨道根数保留项的不同,可以进一步划分为单平均轨道根数和双平均轨道根数。

这里以轨道根数中的半长轴 a 为例,其密切轨道根数可以展开为

$$a(t) = a_0 + a_C(t) + a_L(t) + a_S(t) \tag{3-40}$$

式中:$a(t)$ 为密切轨道根数,它是时间 t 的函数;a_0 为常数项,该部分不随时间变化;$a_C(t)$ 为长期摄动项,它一般随时间变化而单调增加或减少;$a_L(t)$ 为长周期摄动项,$a_S(t)$ 为短周期摄动项,这两项均随时间变化而周期变化。

通过数据处理,可以将密切轨道根数中的短周期项消除,由此获得的轨道根数称为单平均轨道根数。

$$a_1(t) = a_0 + a_C(t) + a_L(t) \tag{3-41}$$

如式(3-41)所示,单平均轨道根数包含常数项、长期摄动项以及长周期摄动项。

若将密切轨道根数中的短周期项和长周期项都消除掉,由此获得的轨道根数称为双平均轨道根数。

$$a_2(t) = a_0 + a_C(t) \tag{3-42}$$

如式(3-42)所示,双平均轨道根数包含常数项和长期摄动项。

使用单平均轨道根数和双平均轨道根数描述轨道在特定时间内的变化。单平均轨道根数主要用于消除短周期影响,并包含长期和长周期变化。双平均轨道根数用于消除所有周期影响,仅体现长期变化。两种轨道根数各有利弊,需要依据实际情况进行选择。

2. TLE 根数

美国空间监视网定期更新两行轨道根数(Two-Line Elements,TLE),以便对已编目的空间目标进行高精度预测。这种更新通常每隔 1 至 2 天进行一次,互联网上可以找到大多数公开空间目标的 TLE[36]。

TLE 是用特定方法去掉了周期摄动项的双平均轨道根数。为了得到高精度的预报结果,预报模型必须以同样的方法重建这些摄动,因此 TLE 根数必须与特定的轨道预报模型一起使用来预报空间目标某一时刻的状态(位置和速度),该模型就是 SGP4/SDP4

轨道预报模型[37]。将某历元时刻的 TLE 代入 SGP4/SDP4 模型,可以得到历元前后一段时间内较为准确的空间目标位置速度矢量预报值。

TLE 的基本格式如图 3-18 所示,由两行数据组成,每行 69 个字符,包含了空间目标的轨道根数和其他相关信息,如目标编号、国际编号、大气阻力参数、历元时间等。各字节代表的意义如表 3-2 所示。

```
1 XXXXXU XXXXXAAA XXXX.XXXXXXXX +.XXXXXXXX +XXXXX-X +XXXXX-X X XXXXX
2 XXXXX XXX.XXXX XXX.XXXX XXXXXXX XXX.XXXX XXX.XXXX XX.XXXXXXXXXXXXXX
```

图 3-18　TLE 的基本格式

表 3-2　TLE 各字节代表的意义

字　符　数	意　　义
第一行	
1	行号
3-7	目标编号
8	是否保密(保密为 S,公开为 U)
10-11	发射年份
12-14	发射批次
15-17	发射物体编号
19-20	观测时间(年)
21-32	观测时间(年累计日),小数部分为时、分、秒,归一化到日单位
34-43	平运动一阶变率,即平运动对时间一阶导数的 1/2,单位为圈/天^2
45-52	平运动二阶变率,即平运动对时间二阶导数的 1/6,单位为圈/天^3
54-61	大气阻力系数,单位为地球赤道半径的倒数(1/Re)
63	轨道模型
65-68	观测次数
69	校验位
第二行	
1	行号
3-7	目标编号
9-16	轨道倾角
18-25	升交点赤经
27-33	轨道偏心率(省略了前面的 0 和小数点)
35-42	近地点幅角
44-51	平近点角
53-63	平均角速度(单位为圈/天)
64-68	自发射以来共绕地球飞行的圈数
69	校验位

例 3.3 图 3-19 给出了遥感 1 号卫星的一组 TLE,试从该两行轨道根数中读取相关信息。

```
1 29092U 06015A   23171.08634562  .00001007  00000-0  12681-3 0  9991
2 29092  97.8376 198.2598 0001543  91.7334 268.4057 14.84177652927551
```

图 3-19 TLE 实例

解 该 TLE 包含信息如表 3-3 所示。

表 3-3 各参数意义

参 数	意 义
第一行	
29092U	目标编号为 29092,U 代表不保密
06015A	国际编号,表明该目标发射于 2006 年第 15 批次 A 组
23171.08634562	观测时间为 2023 年第 171 天 02:04:20.261568
.00001007	平运动一阶变率("+"省略)为 0.00001007 圈/天²
00000-0	平运动二阶变率("+"省略)为 0 圈/天³
12681-3	大气阻力系数("+"省略)为 0.12681×10^{-3}
0	表示轨道模型,0 即采用 SGP4/SDP4 模型
9991	该目标第 999 组观测数据(已达计数上限),1 为校验位
第二行	
29092	目标编号为 29092
97.8376	轨道倾角为 97.8376°
198.2598	升交点赤经为 198.2598°
0001543	偏心率,表示偏心率为 0.0001543
91.7334	近地点幅角为 91.7334°
268.4057	平近点角为 268.4057°
14.84177652	平均角速度 14.84177652 圈/天
927551	自发射以来飞行了 92755 圈,1 为校验位

3.3.3 主要轨道摄动项及其影响

1. 地球非球形引力摄动

在研究二体问题时,进行了许多假设使得问题变得更加简单,其中有一条就是假定地球为质量均匀的标准刚性球体,但在实际情况下,这条假设就不够准确了。实际的地球不是球对称的,它具有扁度、梨状和"赤道膨胀"等,再加上航天器的运动、地球自转、自转轴的进动等各种因素的综合作用,使得卫星轨道相对于理想情况(二体运动)产生一系列复杂的变化,在这一系列因素影响下产生的轨道摄动作用称为地球非球形引力摄动。在需要精确计算地球对航天器的作用力时,不能把地球简单地当作质点,而是要考虑其形状、质量分布、自转、公转和自转轴,以及黄道面、赤道面进动等各种不规则因素对航天器运动的摄动影响。

在研究地球非球形引力摄动过程中,可以采用引力场的位函数进行分析。目前,航天技术中采用的地球引力场位函数为[38]

$$U = \frac{GM_e}{r} \sum_{n=0}^{\infty} \sum_{m=0}^{n} \left(\frac{a_e}{r}\right)^n P_{nm}(\sin\varphi)[C_{nm}\cos(m\lambda) + S_{nm}\sin(m\lambda)]$$

$$= \frac{GM_e}{r}\left\{1 - \sum_{n=2}^{\infty} J_n \left(\frac{a_e}{r}\right)^n P_n(\sin\varphi) + \sum_{n=2}^{\infty} \sum_{m=1}^{n} \left(\frac{a_e}{r}\right)^n P_{nm}(\sin\varphi)[C_{nm}\cos(m\lambda)\right.$$

$$\left. + S_{nm}\sin(m\lambda)]\right\} \tag{3-43}$$

式中:r 是地心距;M_e 是地球质量;a_e 是地球赤道半径;λ 为地理经度;φ 为地心纬度;C_{nm}、S_{nm} 是由测量得到的系数,当坐标系的原点置于地球质心时,有 $C_{1,0}$、$C_{1,1}$、$S_{1,1}$ 为零,当 z 轴和地球主惯性轴共线时,$C_{2,1}$ 和 $S_{2,1}$ 为零[33];$J_n = -C_{n0}$;$P_n(x)$ 为勒让德多项式,P_{nm} 为缔合勒让德多项式,定义为

$$\begin{cases} P_n(x) = \dfrac{1}{2^n n!} \dfrac{d}{dx^n}(x^2 - 1)^n \\ P_{nm}(x) = (1 - x^2)^{\frac{m}{2}} \dfrac{d^m}{dx^m} P_n(x) \end{cases} \tag{3-44}$$

为了方便,有时把与 λ 有关的项表示为

$$C_{nm}\cos(m\lambda) + S_{nm}\sin(m\lambda) = J_{nm}\cos[m(\lambda - \lambda_{nm})], \quad \begin{cases} J_{nm} = (C_{nm}^2 + S_{nm}^2)^{1/2} \\ m\lambda_{nm} = \arctan(S_{nm}/C_{nm}) \end{cases}$$

得到地球引力场的另一表达式:

$$U = \frac{GM_e}{r}\left\{1 - \sum_{n=2}^{\infty} J_n \left(\frac{a_e}{r}\right)^n P_n(\sin\varphi) + \sum_{n=2}^{\infty} \sum_{m=1}^{n} J_{nm}\left(\frac{a_e}{r}\right)^n P_{nm}(\sin\varphi)\cos[m(\lambda - \lambda_{nm})]\right\} \tag{3-45}$$

上式与经度无关的项称为带谐项,相应的 J_n 称为带谐系数;与经度有关的项称为田谐项,J_{nm} 称为田谐系数。记

$$U_0 = \frac{GM_e}{r} = \frac{\mu}{r} \tag{3-46}$$

为地球中心引力项,则

$$R = U - U_0$$

$$= \frac{\mu}{r}\left\{-\sum_{n=2}^{\infty} J_n \left(\frac{a_e}{r}\right)^n P_n(\sin\varphi) + \sum_{n=2}^{\infty} \sum_{m=1}^{n} J_{nm}\left(\frac{a_e}{r}\right)^n P_{nm}(\sin\varphi)\cos[m(\lambda - \lambda_{nm})]\right\} \tag{3-47}$$

为摄动函数。其中,带谐函数描述了摄动函数随纬度变化的变化,其值在纬度方向上正

负交替；田谐函数描述了摄动函数随纬度和经度变化的变化，其值在纬度和经度方向上都存在正负交替。

J_2、J_3、J_4 三项是地球引力场的低阶带谐项，对于精度要求不高的问题，非球形引力位的修正取此三项就足够了。更重要的是，通过对这三项的讨论，可以完整地体现平均根数的定义和平均法构造摄动解的细节。仅考虑 J_2、J_3、J_4 三项，并展开勒让德多项式，式（3-47）变为

$$R = -\frac{\mu}{r}\left[J_2\left(\frac{a_e}{r}\right)^2\left(\frac{3}{2}\sin^2\varphi - \frac{1}{2}\right) + J_3\left(\frac{a_e}{r}\right)^3\left(\frac{5}{2}\sin^3\varphi - \frac{3}{2}\sin\varphi\right)\right.$$
$$\left. + J_4\left(\frac{a_e}{r}\right)^4\left(\frac{35}{8}\sin^4\varphi - \frac{15}{4}\sin^2\varphi + \frac{3}{8}\right)\right] \tag{3-48}$$

地球非球形引力摄动对轨道根数的影响主要体现在升交点赤经和近地点幅角的变化，下面具体分析一下这两项的变化。

1）地球非球形引力摄动对升交点的影响

由于地球非球形引力摄动的影响，导致航天器轨道的轨道平面发生旋转，其表现为升交点的缓慢进动。航天器轨道升交点赤经随时间变化的变化可以近似表示为

$$\frac{d\Omega}{dt} \approx -2.06474 \times 10^{14} a^{-\frac{7}{2}}(1-e^2)^{-2}\cos i \tag{3-49}$$

式中：计算所得单位为度/天（°/day），a 的单位为 km。

由公式可知，轨道平面的变化与轨道倾角相关，于是有以下规律。

（1）当轨道倾角满足 $i < 90°$ 时，轨道平面向西旋转。

（2）当轨道倾角满足 $i = 90°$ 时，轨道平面不旋转。

（3）当轨道倾角满足 $i > 90°$ 时，轨道平面向东旋转。

极轨道和太阳同步轨道都利用地球引力摄动。极轨道倾角为 90°，升交点不受摄动影响。太阳同步轨道巧妙利用摄动，使升交点沿赤道向东进动，速度与地球公转相同，确保轨道面和日地连线夹角恒定。因此，卫星经过地球向阳面时，星下点的地方时保持不变，如图 3-20 所示。

太阳同步轨道通常用于对地成像侦察卫星，这种轨道上的卫星在对星下点区域进行成像时，对应的本地时间都处于光照较好且云层和雾气相对较少的时段，因此可以获得最好的成像效果。太阳同步轨道的特性可以利用轨道摄动的效果实现，这要求太阳同步轨道的升交点进动刚好抵消地球公转导致的太阳相对地球的方位变化，即

$$\frac{d\Omega}{dt} \approx \frac{360}{365.2422}(°/day) = 0.9856(°/day) \tag{3-50}$$

将上式代入式（3-49），可得半长轴 a、偏心率 e 和轨道倾角 i 满足

$$\cos i = -K(1-e^2)^2 a^{\frac{7}{2}} \tag{3-51}$$

式中：a 的单位为 km；K 为常数，取值约为 4.7737×10^{-15}。

美国的"KH-11"卫星系列、中国的"高分"卫星系列以及法国的"Spot"卫星系列等都采用了太阳同步轨道，以确保在获取地球表面图像时具有一致的光照条件。

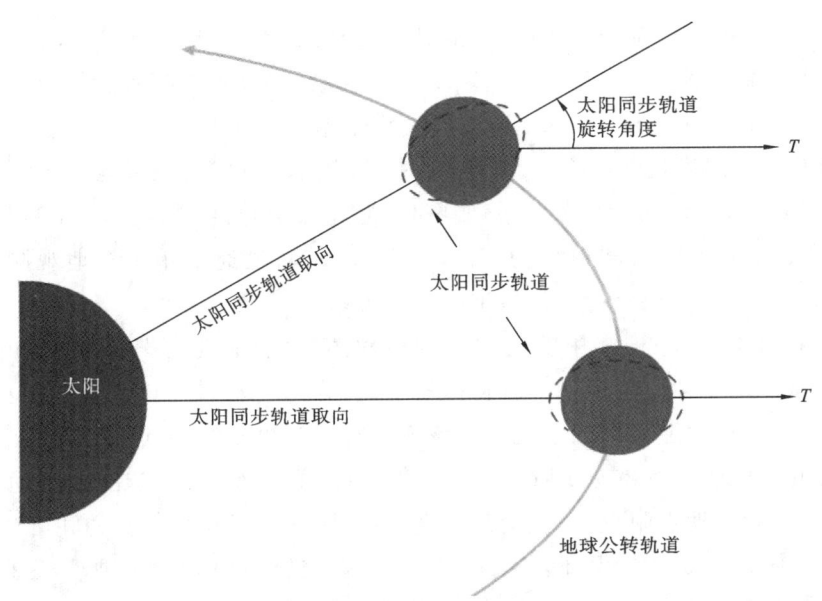

图 3-20　太阳同步轨道

例 3.4　已知某卫星为太阳同步轨道卫星,其轨道倾角 $i=103.2°$,若该卫星轨道为圆轨道,试求其轨道半长轴和周期(取 $\mu=4\times10^5$ km$^3 \cdot$ s^{-2}, $\cos103.2°\approx-K \cdot 90^7$)。

解　依据式(3-51),可得

$$a=\left(\frac{-\cos i}{K(1-e^2)^2}\right)^{\frac{2}{7}}$$

代入 $e=0$, $i=103.2°$,解得

$$a=8100 \text{ km}$$

根据开普勒第三定律,可得

$$T=2\pi\sqrt{\frac{a^3}{\mu}}=729\sqrt{10}\pi \text{ s}\approx7238.6 \text{ s}\approx2.01 \text{ h}$$

由式(3-51)可知, $\cos i$ 恒为负值,因此太阳同步轨道的轨道倾角必须大于 90°,即为逆行轨道。从地球上发射逆行轨道的卫星由于需要对抗地球自转加速度,会耗费更多的能量,是一条并不"经济"的轨道,所以除太阳同步轨道外,一般卫星很少采用逆行轨道。

由于对地成像侦察卫星通常轨道高度较低,且为圆轨道,式(3-51)可简化为

$$\cos i=-0.09892\left(\frac{R_e+h}{R_e}\right)^{\frac{7}{2}} \tag{3-52}$$

式中: R_e 为地球半径, $R_e=6378.137$ km; h 为卫星轨道距离地面的高度。

2）地球非球形引力摄动对近地点的影响

地球非球形引力摄动的影响导致航天器轨道在轨道平面内发生旋转,其表现为近地点幅角的缓慢进动。航天器轨道近地点幅角随时间变化的变化可以近似表示为

$$\frac{d\omega}{dt}\approx1.03237\times10^{14}a^{-\frac{7}{2}}(4-5\sin^2 i)(1-e^2)^{-2} \tag{3-53}$$

式中:计算所得单位为度/天(°/day), a 的单位为 km。

由上式可知,近地点幅角随时间变化的变化与轨道倾角相关,于是有以下规律。

(1) 当轨道倾角满足 $i<63.4°$ 或 $i>116.6°$ 时,轨道旋转方向与卫星运动方向相同。

(2) 当轨道倾角满足 $i=63.4°$ 或 $i=116.6°$ 时,轨道不旋转。

(3) 当轨道倾角满足 $63.4°<i<116.6°$ 时,轨道旋转方向与卫星运动方向相反。

当轨道倾角满足 $i=63.4°$ 或 $i=116.6°$ 时,近地点幅角随时间变化的变化率为 0,此时近地点不发生进动,这种轨道称为冻结轨道。冻结轨道通常用于对地观测卫星,其优势在于可对指定纬度区域保持较为稳定的可见关系。

在冻结轨道中,有一种常用轨道称为闪电轨道,也称莫尼亚轨道(Molniya Orbit)。该轨道源于俄罗斯科学家构建的一种特殊轨道,因为第一颗采用该轨道的卫星称为闪电型通讯卫星,所以该轨道称为闪电轨道。该轨道有两个明显的特点。

(1) 轨道半长轴约为 26553 km,偏心率高达 0.74,使得远地点比地球静止轨道还要远,当卫星运行到远地点附近时,运动角速度很小,因此可以获得很长的驻留观测时间。

(2) 轨道倾角为 63.4°,保证轨道的远地点不会在轨道面内发生进动,因此可长期稳定地对北极地区进行监视。

目前美、俄两国都经常采用闪电轨道布设导弹预警卫星。在这种导弹预警卫星星座中,闪电轨道主要用于覆盖北极地区,对北极地区进行长期持续预警和监视。通常 2 颗闪电轨道卫星相配合,即可实现对北极地区的 24 小时连续覆盖,再结合其他地球静止轨道的导弹预警卫星,即可实现对全球大部分地区的预警和监视功能。

闪电轨道虽然在性能上有极大的优势,但也不是一条稳定的轨道,其不稳定性主要体现在半长轴的衰减和升交点的进动上。因此,闪电轨道卫星在实际工作过程中,需要频繁地进行轨道控制,以保持轨道的长期稳定。

2. 大气阻力摄动

大气对航天器的寿命有影响。虽然大气随着高度的增加而变得稀薄,但是在 600 km 的高空,大气阻力对航天器的影响还是不可忽略的。因为很多很重要的航天任务都是在轨道低于 600 km 的高度上完成的,这些稀薄气体对航天器产生阻力作用。下面分析阻力是怎样影响轨道根数的。

阻力是非保守力,它通过摩擦作用在航天器上,使航天器机械能减少。因为轨道能量是半长轴的函数,随着时间的累积,由于阻力作用,半长轴 a 会越来越小。阻力对于低轨道卫星的影响如图 3-21 所示,这是一颗轨道高度约为 300 km 的近地轨道卫星在大气阻力作用下轨道半长轴随时间变化的变化,从图中可以看出,大气阻力会逐渐减小卫星轨道的半长轴,最终导致卫星陨落。

大气阻力的建模因素比较复杂,因为它受到地球上空大气和航天器高度等很多因素的影响,如日夜交替、季节变换、太阳距离的变化、波动的磁场、太阳 27 天的自转以及太阳黑子的 11 年循环周期等,这使得建模变得不可能。阻力还取决于航天器的阻力系数及最大截面,最大截面会在很大的范围内变化,模型变得更加复杂。若只考虑大气分子对卫星表面的法向作用力而忽略切向作用力,则大气阻力使卫星产生的摄动加速度可以

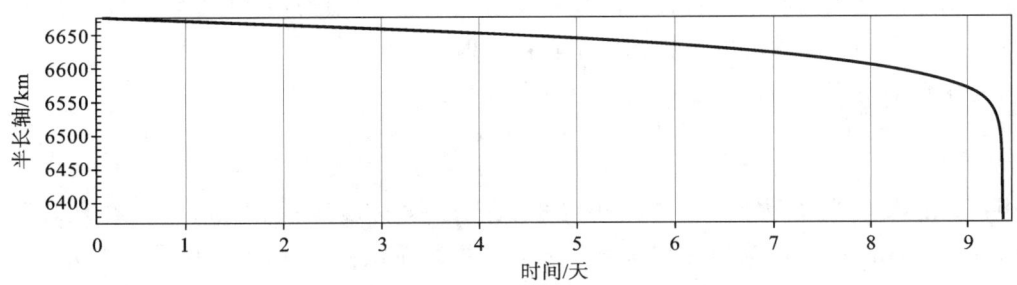

图 3-21　阻力对于低轨道卫星的影响

表示为

$$\ddot{\boldsymbol{r}}_{\mathrm{D}} = -\frac{1}{2} C_{\mathrm{D}} \rho \left(\frac{A}{m} \right) V_{\mathrm{R}} \boldsymbol{V}_{\mathrm{R}} \tag{3-54}$$

式中：C_{D} 为大气阻力系数；ρ 是大气密度；$\boldsymbol{V}_{\mathrm{R}}$ 是卫星相对大气的速度矢量，V_{R} 为其大小；A 是卫星参考面积；m 是卫星质量。

在计算大气阻力摄动时，其中的大气密度 ρ 一般通过大气模型获得，根据对大气环境的建模方式不同，有各种不同的大气模型，常见的有 Jacchia 大气模型、NRLMSIS 大气模型等。各模型的建模原理、仿真精度、计算耗时各有不同，在实际运用过程中应根据需要选择合适的模型。

3. 日月引力摄动

航天器除了受地球引力作用外，还受月亮、太阳的引力作用。航天器在太阳和月亮引力影响下运动状态的摄动变化称为日月引力摄动。太阳和月亮对卫星的影响来自两个方面：一个是对卫星的直接吸引力；另一个是通过对地球的引力，使卫星在以地心为坐标原点的地心系中产生惯性力，它的大小与天体对地球的引力大小相等，方向相反。太阳和月亮对卫星产生的摄动力是二者的合成，卫星受到的日、月摄动加速度矢量为

$$\ddot{\boldsymbol{r}}_{\mathrm{S}} = -GM_{\mathrm{S}} \left(\frac{\boldsymbol{r} - \boldsymbol{r}_{\mathrm{S}}}{|\boldsymbol{r} - \boldsymbol{r}_{\mathrm{S}}|^3} + \frac{\boldsymbol{r}_{\mathrm{S}}}{r_{\mathrm{S}}^3} \right)$$

$$\ddot{\boldsymbol{r}}_{\mathrm{L}} = -GM_{\mathrm{L}} \left(\frac{\boldsymbol{r} - \boldsymbol{r}_{\mathrm{L}}}{|\boldsymbol{r} - \boldsymbol{r}_{\mathrm{L}}|^3} + \frac{\boldsymbol{r}_{\mathrm{L}}}{r_{\mathrm{L}}^3} \right) \tag{3-55}$$

式中：$\boldsymbol{r}$ 是地心到卫星的距离矢量；$\boldsymbol{r}_{\mathrm{S}}$ 是太阳到卫星的距离矢量，r_{S} 为其大小；$\boldsymbol{r}_{\mathrm{L}}$ 是月亮到卫星的距离矢量，r_{L} 为其大小；G 是万有引力常数；M_{S} 是太阳质量；M_{L} 是月亮质量。除了太阳和月亮，其他行星由于对航天器的影响量级相对较小，通常可以忽略。

航天器在日、月引力作用下，六个轨道参数都有短周期变化；除 a 外都有长周期变化；Ω、ω、M 还有长期变化。由于 e 有长周期变化，它同样会使卫星的近地距离有较大幅度的变化，这就大大影响了卫星的寿命。

4. 太阳光压摄动

航天器在近地空间运动中会受到太阳光照射，受到照射时光压作用导致运动状态的摄动变化称为太阳光压摄动。太阳光压摄动包括太阳直接辐射光压引起的摄动和地球

反射光引起的光压摄动，一般情况下，地球反射光引起的光压远小于太阳直接辐射光压，因此在分析摄动问题时可以只考虑太阳直接辐射光压的影响。

光压对卫星产生的运动加速度大小可以表示为

$$\ddot{r}_A = \frac{C_r s A}{cm} \tag{3-56}$$

式中：C_r 是太阳光压系数，它的大小与航天器表面材质有关；s 为常数，在地球附近 $s = 0.14 \text{ J}/(\text{cm}^2 \cdot \text{s})$；$A$ 为航天器垂直于阳光的投影面积；m 为航天器质量；c 为光速。

卫星在太阳光压的作用下，所有轨道根数都会产生短周期变化和长周期变化。对于面质比较大的卫星，其近地点地心距离可能大幅度地减小，导致卫星的寿命缩短。例如，美国"回声"一号（Echo-1）卫星的面质比为 $10.2 \text{ m}^2/\text{kg}$，它的寿命就比理论计算的短许多。

3.4　轨道机动问题

本节聚焦于轨道机动问题，首先概述了轨道机动的基本概念，随后详细探讨了轨道机动的具体实例与特点。本节内容为理解空间目标轨道机动及相控阵雷达在监测轨道机动目标中的应用提供了重要支撑。

3.4.1　轨道机动概述

1. 轨道机动的定义

航天器主动改变飞行轨道的过程称为轨道机动。在一次轨道机动过程中，机动前的初始轨道称为初轨道或停泊轨道，机动后进入的目标轨道称为终轨道或预定轨道。

航天器进行轨道机动的目的主要有以下三种。

（1）完成复杂的飞行任务。

（2）消除干扰导致的轨道偏差。

（3）实现交会对接、发射及返回。

2. 轨道机动系统

轨道机动系统的基本构成如图 3-22 所示，其中动力装置提供轨道机动所需的推力，它一般为具有多次点火启动能力的火箭发动机。测量装置用来测量航天器的实际运动参数。计算机的输入为航天器的实际运动参数和轨道机动要求，在计算机中由轨道机动要求计算出航天器在某一时刻运动参数的预期值，将同一时刻的运动参数的实际值与预期值进行比较后，求出此时应提供的速度增量的大小和方向，据此形成航天器的姿态控制与动力装置的控制信号，姿态控制系统和动力装置按控制信号工作，控制航天器完成预定的轨道机动。

图 3-22 中的测量装置和计算机可以安装在航天器上，也可安装在地面测控站。在后

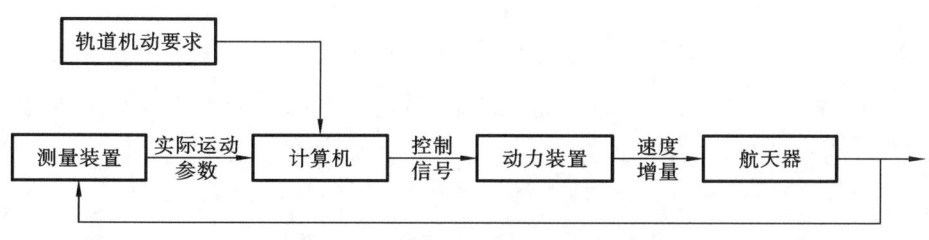

图 3-22　轨道机动系统的基本构成

一情况下,控制信号由地面测控站发出,由航天器接收,航天器的姿态控制系统和动力装置按接收的信号工作。这种方式可以减少航天器上安装的设备,但会降低航天器轨道机动的灵活性。

当采用火箭发动机作为轨道机动系统的动力装置时,由于火箭发动机能提供较大的推力,因而短时间工作即可使航天器获得所需的速度增量,故在初步讨论轨道机动问题时,假设发动机按冲量方式工作,即在航天器位置不发生变化的情况下,使航天器的速度发生瞬时变化,这一假设可使问题得到简化,为更深入的研究提供必要的基础。

3. 轨道机动分类

根据发动机作用持续时间,航天器轨道机动可以分为脉冲式机动和连续式机动[39]。

(1)脉冲式机动:在非常短暂的时间内产生推力,使航天器获得脉冲速度进行机动。此方式对发动机的推力要求较高,对应的发动机重量和体积都会较大。

(2)连续式机动:航天器在一段时间内通过持续作用力获得持续加速度,实现机动。这种方式对发动机推力要求较低,发动机的重量和体积也较小,但提供冲量的能力有限。

另外,根据轨道机动的目的,航天器的轨道机动也可以分为轨道调整和一般轨道机动。

(1)轨道调整:当初轨道与终轨道差别较小时,进行小冲量机动即可实现目的。此方式消耗燃料较少。轨道调整进一步区分为轨道修正和轨道保持[39]。

① 轨道修正:在发射卫星时,入轨误差导致轨道根数偏离标称值,为了消除入轨误差而进行的轨道机动称为轨道修正。

② 轨道保持:卫星在运行过程中由于各种摄动因素的影响,轨道根数产生偏差,为了消除偏差而进行的轨道机动称为轨道保持。

(2)一般轨道机动:当两轨道差异大时,需大冲量机动,大范围改轨道根数,耗燃料多。按机动次数,一般轨道机动又分为轨道改变与轨道转移[39]。

① 轨道改变:当终轨道与初轨道相交(切)时,在交(切)点施加一次冲量即可使航天器由初轨道进入终轨道,这一过程称为轨道改变。

② 轨道转移:当终轨道与初轨道不相交(切)时,至少要施加两次冲量才能使航天器由初轨道进入终轨道,这一过程称为轨道转移。连接初轨道与终轨道的过渡轨道称为转移轨道。

4. 轨道机动的燃料消耗

轨道机动需要消耗航天器自身的燃料,其速度变化量 Δv 与燃料消耗的关系满足

$$\frac{\Delta m}{m} = 1 - e^{-\frac{\Delta v}{I_{sp} g_0}} \tag{3-57}$$

式中：Δm 为燃料消耗质量；m 是航天器总质量；Δv 是速度变化量（$\Delta v > 0$）；g_0 为海平面重力加速度；I_{sp} 为比冲量，其计算式为

$$I_{sp} = \frac{P_s}{m_s g_0} \tag{3-58}$$

式中：P_s 是航天器受到的冲量；m_s 是形成冲量 P_s 消耗的燃料质量。

3.4.2 典型轨道机动

1. 霍曼转移

霍曼转移（Hohmann Transfer）的假设早在 1925 年就由霍曼提出，直至 1963 年由巴拉尔对此假设进行了严格的证明。霍曼转移是一种典型的轨道转移过程，在不限制时间和两次冲量的条件下是能量消耗最小的轨道转移方案。它有以下限制条件。

（1）初轨道和终轨道都是圆形轨道且共面。

（2）通过实施 2 次脉冲式机动完成转移。

（3）在 2 次速度改变时，冲量方向和机动前速度方向共线。

霍曼转移示意图如图 3-23 所示。目标在半径为 r_1 的圆轨道 C_1 的 P 点进行第一次机动，产生第 1 个速度变化量 Δv_1，此时目标已经转移到椭圆轨道 E，该轨道称为转移轨道；在 E 的远地点 A 进行第二次机动，产生第 2 个速度变化量 Δv_2，使目标轨道从转移轨道 E 进入半径为 r_2 的圆轨道 C_2。

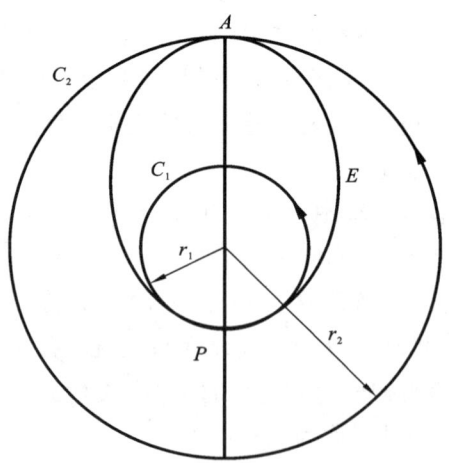

图 3-23 霍曼转移示意图

设 v_{C_1} 和 v_{C_2} 分别是半径为 r_1 和 r_2 的圆轨道上目标的速度，转移轨道 E 上的目标在近地点和远地点的速度分别为 v_{EP} 和 v_{EA}，依据活力公式，可以得到

$$\begin{cases} \nu_{C_1} = \sqrt{\dfrac{\mu}{r_1}}, \ \nu_{\mathrm{EP}} = \sqrt{2\mu \dfrac{r_2}{r_1(r_1+r_2)}} \\[4mm] \nu_{C_2} = \sqrt{\dfrac{\mu}{r_2}}, \ \nu_{\mathrm{EA}} = \sqrt{2\mu \dfrac{r_1}{r_2(r_1+r_2)}} \end{cases} \tag{3-59}$$

根据转移过程可知

$$\begin{cases} \Delta\nu_1 = \nu_{\mathrm{EP}} - \nu_{C_1} \\ \Delta\nu_2 = \nu_{C_2} - \nu_{\mathrm{EA}} \end{cases} \tag{3-60}$$

总速度增量为

$$\Delta\nu = \Delta\nu_1 + \Delta\nu_2 \tag{3-61}$$

转移时间为转移轨道的周期的一半,由开普勒第三定律可得

$$\Delta t = \frac{T_{\mathrm{E}}}{2} = \pi \sqrt{\frac{1}{\mu}\left(\frac{r_1+r_2}{2}\right)^3} \tag{3-62}$$

在霍曼转移中,往往还需要考虑航天器的交会对接问题,如图 3-24 所示,在初始时刻 t_0,追踪器在圆轨道 C_1 的 P 点,目标在圆轨道 C_2 的 R 点,且目标超前追踪器一个圆心角 θ。此时,追踪器开始向大圆轨道进行霍曼转移,期望在远地点 A 处与目标交会。

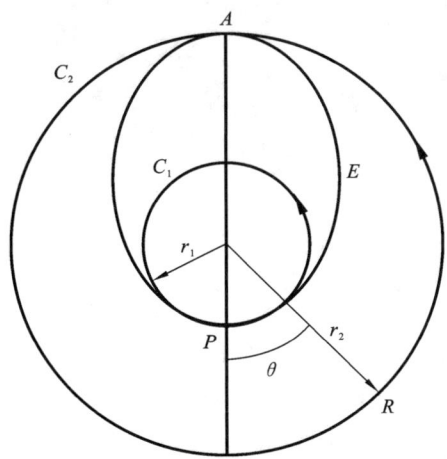

图 3-24　霍曼转移中的交会对接问题

追踪器从 P 到 A 的时间为 Δt_1,目标从 R 到 A 的时间为 Δt_2,即

$$\begin{cases} \Delta t_1 = \dfrac{\pi}{\sqrt{\mu}}\left(\dfrac{r_1+r_2}{2}\right)^{3/2} \\[4mm] \Delta t_2 = \dfrac{\pi-\theta}{\sqrt{\mu}}r_2^{3/2} \end{cases} \tag{3-63}$$

实现交会的条件是 $\Delta t_1 = \Delta t_2$。如果想实现交会,则圆心角 θ 必须满足条件

$$\theta = \pi\left[1-\left(\frac{r_1+r_2}{2r_2}\right)^{3/2}\right] \tag{3-64}$$

如果圆心角 θ 不符合上述条件,则追踪器可以在 C_1 轨道上等待一段时间,当满足条

件时才开始转移。霍曼转移能量最省,但是完成转移的时间却不是最优的。然而时间和能量都达到最优几乎不可能,因此在实际应用中要对二者进行适当折中,以满足任务需求。

霍曼转移常用于地球同步轨道卫星的入轨过程,例如我国"北斗"系统的地球同步轨道卫星在发射时,不是直接从地面发射到地球同步轨道上,而是先发射到近地轨道上,再利用霍曼转移进入预定的地球同步轨道。这种发射模式可以减少火箭的负担,也便于实现一箭多星的发射任务。

例 3.5 已知某卫星 S_1 在圆轨道 C_1 上运行,其轨道半径为 $r_1 = 8000$ km,现需要利用霍曼转移将其转移到另一个圆形轨道 C_2 上,$r_2 = 40000$ km,如图 3-25 所示(取地球引力常数 $\mu = 4 \times 10^5$ km$^3 \cdot$ s^{-2}):

(1)求转移轨道的半长轴和偏心率;

(2)求两次轨道机动的总速度增量;

(3)求转移消耗的时间;

(4)若轨道 C_2 上有另外一颗卫星 S_2,且超前卫星 S_1 一个圆心角 θ,经过霍曼转移后两颗卫星刚好实现轨道交会,则 θ 应为多少?

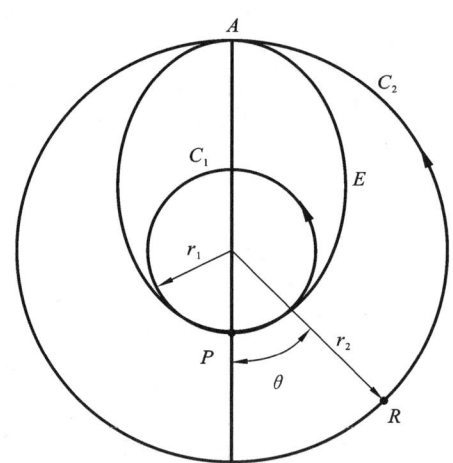

图 3-25 卫星霍曼转移示意图

解 (1)转移轨道与 C_1、C_2 相切,则有

$$a_E = \frac{r_1 + r_2}{2} = 24000 \text{ km}, \quad e_E = \frac{r_2 - r_1}{r_2 + r_1} = \frac{2}{3}$$

(2)根据活力公式,可得

$$\begin{cases} v_{C_1} = \sqrt{\dfrac{\mu}{r_1}} = 5\sqrt{2} \text{ km/s}, & v_{EP} = \sqrt{\mu\left(\dfrac{2}{r_1} - \dfrac{1}{a_E}\right)} = \dfrac{5}{3}\sqrt{30} \text{ km/s} \\[3mm] v_{C_2} = \sqrt{\dfrac{\mu}{r_2}} = \sqrt{10} \text{ km/s}, & v_{EA} = \sqrt{\mu\left(\dfrac{2}{r_2} - \dfrac{1}{a_E}\right)} = \dfrac{1}{3}\sqrt{30} \text{ km/s} \end{cases}$$

两次机动速度增量以及总速度增量分别为

$$\begin{cases} \Delta \nu_1 = \nu_{EP} - \nu_{C_1} = \left(\dfrac{5}{3} \sqrt{30} - 5\sqrt{2} \right) \text{km/s} \\[3mm] \Delta \nu_2 = \nu_{C_2} - \nu_{EA} = \left(\sqrt{10} - \dfrac{1}{3} \sqrt{30} \right) \text{km/s} \\[3mm] \Delta \nu = \Delta \nu_1 + \Delta \nu_2 = \left(\dfrac{4}{3} \sqrt{30} + \sqrt{10} - 5\sqrt{2} \right) \text{km/s} \end{cases}$$

(3) 转移消耗的时间正好为卫星沿着转移轨道运行半个周期的时间,于是有

$$t_A = \frac{1}{2} T = \pi \sqrt{\frac{a_E^3}{\mu}} = 2400\pi \sqrt{6} \ \text{s} = \frac{2\pi \sqrt{6}}{3} \ \text{h} \approx 5.12 \ \text{h}$$

(4) 卫星 S_1 从 P 点运行到 A 点时间为

$$\Delta t_{S_1} = \pi \sqrt{\frac{a_E^3}{\mu}}$$

卫星 S_2 从 R 点运行到 P 点时间为

$$\Delta t_{S_2} = \sqrt{\frac{r_2^3}{\mu}} (\pi - \theta)$$

若要求两颗卫星刚好交会,则应满足

$$\Delta t_{S_1} = \Delta t_{S_2}$$

解得

$$\theta = \pi \left[1 - \left(\frac{a_E}{r_2} \right)^{3/2} \right] = \pi \left(1 - \frac{3}{25} \sqrt{15} \right) \text{rad} = \left(1 - \frac{3}{25} \sqrt{15} \right) \cdot 180° \approx 96.34°$$

2. 双椭圆轨道转移

双椭圆轨道转移又称为三冲量轨道转移,在某些条件下,它甚至可以比霍曼转移消耗的能量更少。双椭圆轨道转移有以下限制条件。

(1) 初轨道和终轨道都是圆形轨道且共面。

(2) 通过实施 3 次脉冲式机动完成转移。

(3) 冲量方向和机动前速度方向相同。

双椭圆轨道转移示意图如图 3-26 所示。在目标轨道的外面选定一点 A 作为双椭圆转移轨道的公共远地点。转移椭圆 E_1 在近地点和圆轨道 C_1 相切,转移轨道 E_2 在近地点和圆轨道 C_2 相切,航天器在机动时,在 P_1、A 两处切向加速,在 P_2 处切向减速,使航天器进入目标轨道,实现双椭圆转移。

设 ν_{P_1} 和 ν_{A_1} 分别为转移轨道 E_1 的近地点和远地点速度,ν_{P_2} 和 ν_{A_2} 分别为转移轨道 E_2 的近地点和远地点速度,则有

$$\begin{cases} \nu_{A_1} = \sqrt{2\mu \dfrac{r_1}{r_A(r_1 + r_A)}}, \quad \nu_{C_1} = \sqrt{\dfrac{\mu}{r_1}}, \quad \nu_{P_1} = \sqrt{2\mu \dfrac{r_A}{r_1(r_1 + r_A)}} \\[4mm] \nu_{A_2} = \sqrt{2\mu \dfrac{r_2}{r_A(r_2 + r_A)}}, \quad \nu_{C_2} = \sqrt{\dfrac{\mu}{r_2}}, \quad \nu_{P_2} = \sqrt{2\mu \dfrac{r_A}{r_2(r_2 + r_A)}} \end{cases} \tag{3-65}$$

根据转移过程可知

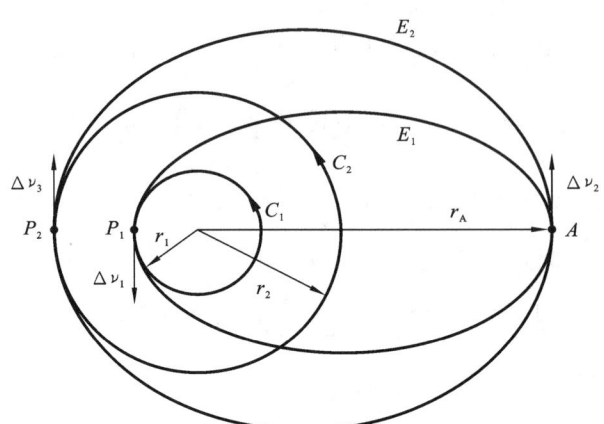

图 3-26　双椭圆轨道转移示意图

$$\begin{cases} \Delta \nu_1 = \nu_{P_1} - \nu_{C_1} \\ \Delta \nu_2 = \nu_{A_2} - \nu_{A_1} \\ \Delta \nu_3 = \nu_{P_2} - \nu_{C_2} \end{cases} \quad (3\text{-}66)$$

所以总速度增量为

$$\Delta \nu = \Delta \nu_1 + \Delta \nu_2 + \Delta \nu_3 \quad (3\text{-}67)$$

初轨道和终轨道的半径 r_1、r_2 是确定的,而转移轨道的远地点地心距离 r_A 是可选的。按照极值条件即可求出消耗能量最小的最优转移轨道。在寻找这个最优转移轨道时,根据初轨道和终轨道半径比值不同,可以划分为以下三种情况。

(1) 当 $r_2 < 11.9r_1$ 时,霍曼转移比双椭圆轨道转移能量消耗更低。

(2) 当 $r_2 > 15r_1$ 时,双椭圆轨道转移比霍曼转移能量消耗更低。

(3) 当 $11.9r_1 \leqslant r_2 \leqslant 15r_1$ 时,根据选择的远地点 A 不同,会有不同的结果,需要做进一步判断。

双椭圆轨道转移消耗的时间为两个转移轨道周期之和的一半

$$t_u = \frac{T_1 + T_2}{2} = \frac{\pi}{\sqrt{\mu}} \left(\frac{r_1 + r_A}{2} \right)^{3/2} + \frac{\pi}{\sqrt{\mu}} \left(\frac{r_A + r_2}{2} \right)^{3/2} \quad (3\text{-}68)$$

双椭圆转移也可实现航天器的交会。设在初始时刻 t_0,追踪器在半径为 r_1 的圆轨道 C_1 的 A_0 点,目标在半径为 r_2 的圆轨道 C_2 的 P_0 点,且目标超前追踪器 1 个圆心角 θ。在此时刻,追踪器开始双椭圆转移。追踪器消耗的时间为 Δt_1,目标运动的时间为 Δt_2,即

$$\begin{cases} \Delta t_1 = \frac{\pi}{\sqrt{\mu}} \left(\frac{r_1 + r_A}{2} \right)^{3/2} + \frac{\pi}{\sqrt{\mu}} \left(\frac{r_A + r_2}{2} \right)^{3/2} \\ \Delta t_2 = \frac{2\pi - \theta}{\sqrt{\mu}} r_2^{3/2} \end{cases} \quad (3\text{-}69)$$

实现交会的条件是 $\Delta t_1 = \Delta t_2$。如果想实现交会,则 θ 必须满足条件

$$\theta = \pi \left[2 - \left(\frac{r_1 + r_A}{2r_2} \right)^{3/2} - \left(\frac{r_2 + r_A}{2r_2} \right)^{3/2} \right] \quad (3\text{-}70)$$

需要特别指出的是:施加第二次冲量时航天器的轨道速度很小,冲量的误差会引起

转移轨道 E_2 的轨道参数明显变化,这在一定程度上影响了它的实用价值。

3. 共轨机动

轨道转移中存在一种特殊的情况,即初轨道和终轨道重合,转移前后目标六个轨道根数中前五个都完全相同,称为共轨机动。共轨机动方法可用于同轨道多颗卫星之间的相位调整,也可用于静止轨道卫星定点位置的调整,或者用于实施轨道抓捕或轨道交会任务。例如,当目标与追踪航天器处于同一条轨道,但存在一定的相位差时,追踪航天器到目标位置的机动就可以通过共轨机动实现,它需要通过机动产生两次大小相等、方向相反的速度增量。下面分目标超前与滞后追踪航天器两种情况进行讨论。

(1)目标超前追踪航天器地心角 θ。

如图 3-27(a)所示,若目标 M_1 与追踪航天器 M_2 顺时针方向运行在同一轨道上,M_1 位于 B 点,M_2 位于 A 点,且目标 M_1 超前追踪航天器 M_2 地心角 θ,则追踪航天器需通过施加反向速度增量进入转移轨道,缩短轨道周期,以期与目标交会于 A 点。

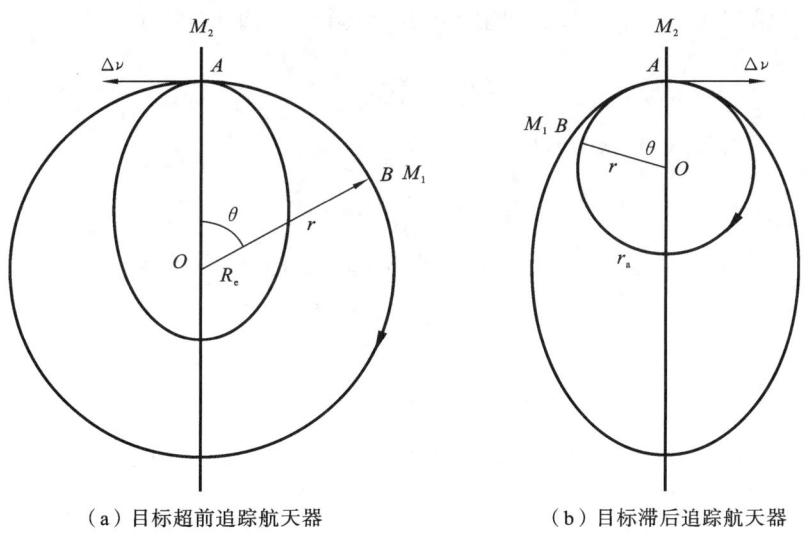

（a）目标超前追踪航天器　　　　　　　（b）目标滞后追踪航天器

图 3-27　共轨机动的两种形式

首先,M_2 在椭圆轨道上运行一周的时间为

$$\Delta t_{M_2} = 2\pi \sqrt{\frac{a_E^3}{\mu}} \tag{3-71}$$

同时,M_1 从 B 点运行到 A 点的时间为

$$\Delta t_{M_1} = \sqrt{\frac{r^3}{\mu}}(2\pi - \theta) \tag{3-72}$$

若要二者在 A 点刚好交会,则必须满足 $\Delta t_{M_1} = \Delta t_{M_2}$,于是可得

$$a_E = r\left(1 - \frac{\theta}{2\pi}\right)^{\frac{2}{3}} \tag{3-73}$$

那么对应的速度增量为

$$\Delta \nu = \nu_{\mathrm{C}} - \nu_{\mathrm{EA}} = \sqrt{\frac{\mu}{r}} \cdot \left[1 - \sqrt{2 - \left(1 - \frac{\theta}{2\pi} \right)^{-\frac{2}{3}}} \right] \qquad (3\text{-}74)$$

消耗时间为

$$\Delta t = \sqrt{\frac{r^3}{\mu}} (2\pi - \theta) \qquad (3\text{-}75)$$

这里需要注意,由于转移轨道半径不可能小于地球半径 R_{e},显然有转移轨道近地点地心距离 $r_{\mathrm{p}} > R_{\mathrm{e}}$,所以有

$$\theta < 2\pi \cdot \left[1 - \left(\frac{r + R_{\mathrm{e}}}{2r} \right)^{3/2} \right] \qquad (3\text{-}76)$$

(2)目标滞后追踪航天器地心角 θ。

如图 3-27(b)所示,若目标 M_1 与追踪航天器 M_2 顺时针方向运行在同一轨道上,M_1 位于 B 点,M_2 位于 A 点,且目标 M_1 滞后追踪航天器 M_2 地心角 θ,则追踪航天器需通过施加正向速度增量进入转移轨道,增大轨道周期,以期与目标交会于 A 点。

与上一种情况类似,首先 M_2 在椭圆轨道上运行一周的时间为

$$\Delta t_{M_2} = 2\pi \sqrt{\frac{a_{\mathrm{E}}^3}{\mu}} \qquad (3\text{-}77)$$

同时 M_1 从 B 点运行到 A 点的时间为

$$\Delta t_{M_1} = \sqrt{\frac{r^3}{\mu}} (2\pi + \theta) \qquad (3\text{-}78)$$

若要二者在 A 点刚好交会,则必须满足 $\Delta t_{M_1} = \Delta t_{M_2}$,于是可得

$$a_{\mathrm{E}} = r \left(1 + \frac{\theta}{2\pi} \right)^{\frac{2}{3}} \qquad (3\text{-}79)$$

那么对应的速度增量为

$$\Delta \nu = \nu_{\mathrm{EA}} - \nu_{\mathrm{C}} = \sqrt{\frac{\mu}{r}} \cdot \left[\sqrt{2 - \left(1 + \frac{\theta}{2\pi} \right)^{-\frac{2}{3}}} - 1 \right] \qquad (3\text{-}80)$$

消耗时间为

$$\Delta t = \sqrt{\frac{r^3}{\mu}} (2\pi + \theta) \qquad (3\text{-}81)$$

如果有足够的准备时间,则可以将 θ 划分成 N 等份,卫星在中间轨道上运行 N 圈后再实施第二次机动,消耗的能量将大大减少。

共轨机动也称为稳定轨道追逐法,常用于航天器的交会对接过程。例如,2021 年 6 月,我国神舟十二号飞船对接天宫空间站时就是先通过轨道机动进入目标轨道,再利用共轨机动调整轨位的方式完成任务的,全程仅消耗 6 小时,是非常迅速的一种交会对接方式。

3.4.3 一般轨道机动

1. 共面轨道机动

共面轨道机动指初轨道和终轨道共面的轨道机动方式。初轨道和终轨道具有相同

的升交点赤经 Ω 和轨道倾角 i，在机动过程中只有 a、e、ω、τ 四个轨道根数发生变化。

设初轨道和终轨道的交点为 C，初轨道在 C 点的位置和速度为 r_1、v_1，速度倾角为 θ_1（速度倾角为速度方向和周向夹角，取当地水平面以上为正），终轨道在 C 点的位置和速度为 r_2、v_2，速度倾角为 θ_2，则 $r_1 = r_2$，$u_1 = u_2$。过 C 点的任一轨道根数 a_2、e_2、ω_2、τ_2 可以由该轨道在 C 点的速度 v_2 和速度倾角 θ_2 表示[40]，即

$$\begin{cases} a_2 = \dfrac{\mu r_2}{2\mu - r_2 v_2^2}, \quad e_2 = \sqrt{1 + \dfrac{r_2 v_2^2}{\mu^2}(r_2 v_2^2 - 2\mu)\cos^2\theta_2} \\[2mm] \tan f_2 = \dfrac{r_2 v_2^2 \cos\theta_2 \sin\theta_2}{r_2 v_2^2 \cos^2\theta_2 - \mu}, \quad \tan\dfrac{E_2}{2} = \sqrt{\dfrac{1 - e_2}{1 + e_2}}\tan\dfrac{f_2}{2} \\[2mm] \tau_2 = t - \sqrt{\dfrac{a_2^3}{\mu}}(E_2 - e_2 \sin E_2), \quad \omega_2 = u_2 - f_2 = u_1 - f_2 \end{cases} \tag{3-82}$$

可见，当交点 C 确定后，已知 v_2、θ_2 就可以计算 a_2、e_2、ω_2、τ_2 这 4 个参数。

已知过交点 C 的终轨道的任意两个轨道参数，求在交点 C 施加的速度冲量和方向。建立轨道坐标系 $O\text{-}XYZ$，即 X 轴为径向，Y 轴为周向，Z 轴为法向。速度增量在 $O\text{-}XYZ$ 坐标系的 X 轴和 Y 轴方向上的分量为

$$\begin{cases} \Delta v_x = v_2 \sin\theta_2 - v_1 \sin\theta_1 \\ \Delta v_y = v_2 \cos\theta_2 - v_1 \cos\theta_1 \end{cases} \tag{3-83}$$

总速度增量为

$$\Delta v = v_1 \left[1 - 2\frac{v_2}{v_1}\cos\Delta\theta + \left(\frac{v_2}{v_1}\right)^2 \right]^{1/2} \tag{3-84}$$

速度增量的方向为

$$\tan\varphi = \frac{\Delta v_x}{\Delta v_y} = \frac{v_2 \sin\theta_2 - v_1 \sin\theta_1}{v_2 \cos\theta_2 - v_1 \cos\theta_1} \tag{3-85}$$

$$\Delta v = v_1 \left[1 - 2\frac{v_2}{v_1}\cos\Delta\theta + \left(\frac{v_2}{v_1}\right)^2 \right]^{1/2} \tag{3-86}$$

式中：Δv、φ 分别为速度增量的大小和方向；$\Delta\theta$ 为机动前后速度倾角之差；下标 1、2 分别表示航天器的初轨与终轨。显然，当 $\Delta\theta = 0°$ 时，Δv 最小，对应的能量消耗也最小。

2. 轨道面机动

轨道面机动指轨道形状和大小不发生变化，仅轨道平面发生改变的轨道机动。只改变轨道平面的前提下，其初轨道和终轨道应满足

$$\begin{cases} r_1 = r_2 \\ v_1 = v_2 \\ \theta_1 = \theta_2 \end{cases} \Rightarrow \begin{cases} a_1 = a_2 \\ e_1 = e_2 \\ \tau_1 = \tau_2 \\ f_1 = f_2 \end{cases} \tag{3-87}$$

设初轨道与终轨道之间的夹角为 ξ，速度 v_1、v_2 之间的夹角为 α，则速度增量为

$$\Delta v = 2v\cos\theta\sin\frac{\xi}{2} = 2v\sin\frac{\alpha}{2} \tag{3-88}$$

则
$$\sin\frac{\alpha}{2}=\cos\theta\sin\frac{\xi}{2} \tag{3-89}$$

在一般情况下 α 与 ξ 不等,只有在 $\theta=0°$ 时,两者才相等。

ξ 与两轨道平面之间的关系如图 3-28 所示,依据球面三角形定律可得

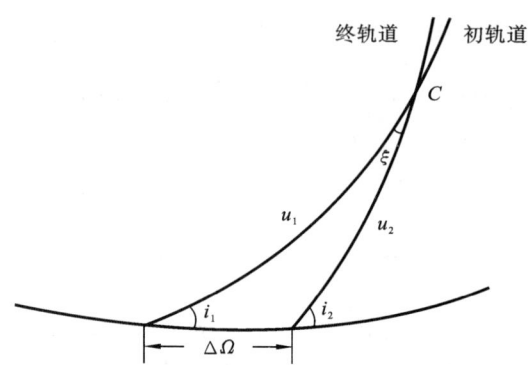

图 3-28　轨道平面改变对轨道根数的影响

$$\begin{cases} \cos i_2 = \cos i_1 \cos\xi - \sin i_1 \sin\xi\cos u_1 \\ \sin\Delta\Omega = \sin u_1 \dfrac{\sin\xi}{\sin i_2} \\ \Delta\omega = \arcsin\dfrac{\sin i_1 \sin u_1}{\sin i_2} - u_1 \end{cases} \tag{3-90}$$

可见,在改变轨道平面的轨道机动中,只有 ξ 参数是可以选择的,因而在 i_2、Ω_2、ω_2 这三个参数中,只能使一个参数通过改变轨道面的变轨与预定值相等。对于给定的预定值,利用上述公式可求出 ξ 和速度增量 $\Delta\nu$。

由式(3-90)可知以下两点。

(1)若将变轨点选在 $u_1=0°$ 或 $u_1=180°$ 处,则变轨时将改变 i_1,而 Ω_1、ω_1 不变,且 $\Delta i=\pm\xi$,正号对应变轨点 $u_1=0°$,负号对应变轨点 $u_1=180°$。

(2)若 ξ 为小量,近似认为 $\cos\xi=1$、$\sin\xi=\xi$,则当变轨点选在 $u_1=90°$ 或 $u_1=270°$ 时,$\Delta i=0°$,$\omega=0°$;当 ξ 使得 Ω 的变化为小量时,近似认为 $\sin\Delta\Omega=\Delta\Omega$,则有 $\Delta\Omega=\pm\xi/\sin i_1$,正号对应变轨点 $u_1=90°$,负号对应变轨点 $u_1=270°$。

当 ξ 确定后,将 $\Delta\nu$ 向变轨点 C 处的轨道坐标系进行投影,则

$$\begin{cases} \Delta\nu_X = 0 \\ \Delta\nu_Y = -2\Delta\nu\cos\theta\sin^2\dfrac{\xi}{2} \\ \Delta\nu_Z = \Delta\nu\cos\theta\sin\xi \end{cases} \tag{3-91}$$

则描述速度增量方向的俯仰角 φ 和偏航角 ψ 为

$$\begin{cases} \varphi = \arctan\dfrac{\Delta\nu_X}{\Delta\nu_Y} \\ \psi = \arctan\dfrac{\Delta\nu_Z\cos\varphi}{\Delta\nu_Y} \end{cases} \Rightarrow \begin{cases} \varphi = 0° \\ \psi = 90° + \dfrac{\xi}{2} \end{cases} \tag{3-92}$$

3．一般轨道机动的分析方法

轨道机动的一般情况实际上是上述两种情况的组合，称为混合机动。因此，其机动速度增量即为二者的矢量合成，即

$$\Delta \boldsymbol{v} = \Delta \boldsymbol{v}_1 + \Delta \boldsymbol{v}_2$$

式中：$\Delta \boldsymbol{v}_1$ 为轨道面机动所需要的速度增量，$\Delta \boldsymbol{v}_2$ 为轨道面机动后在终轨道平面内进行共面轨道机动所需要的速度增量。

当已知初轨道和终轨道的轨道根数的情况下，求解一般情况下轨道机动的总速度增量可以采用以下方法。

（1）求解初轨道和终轨道的比角动量 $\boldsymbol{h}_0$、$\boldsymbol{h}_1$。

（2）求解交点坐标 $\boldsymbol{r}_A$。

（3）根据轨道根数与位置速度转换关系求解在初轨道上坐标 $\boldsymbol{r}_A$ 处航天器的速度 $\boldsymbol{v}_0$。

（4）根据轨道根数与位置速度转换关系求解在终轨道上坐标 $\boldsymbol{r}_A$ 处航天器的速度 $\boldsymbol{v}_1$。

（5）求解速度增量 $\Delta \boldsymbol{v} = \boldsymbol{v}_1 - \boldsymbol{v}_0$。

3.5　仿真应用

本节通过详细的仿真用例、操作步骤及分析，阐述了空间目标的轨道仿真流程。其中，特别强调了在进行轨道仿真计算时必须引入摄动因素，这是确保仿真结果具有真实性和准确性的关键。

3.5.1　仿真用例

STK 软件根据各种摄动因素，内置了多种轨道预报模型，利用这些轨道预报模型，可以仿真不同摄动影响下的目标运动情况。STK 常用的轨道预报模型如表 3-4 所示。

表 3-4　STK 常用的轨道预报模型

名　　称	预 报 模 型	模 型 简 介
TwoBody	二体预报模型	仅考虑地球中心引力的预报模型，计算出的目标轨道不含摄动影响
J2Perturbation	J2 预报模型	模型仅考虑地球非球形引力摄动，且摄动函数仅考虑 J_2 带谐项，计算速度较快
J4Perturbation	J4 预报模型	模型仅考虑地球非球形引力摄动，且摄动函数仅考虑 J_2、J_3、J_4 三项，计算结果比 J2 预报模型更加准确
SGP4	SGP4 预报模型	基于 TLE 轨道根数的摄动模型，用于轨道周期小于 225 min 的近地轨道，在解析模型中具有较高的预报精度，需要用 TLE 格式输入相关参数进行计算

续表

名　　称	预报模型	模型简介
HPOP （High Precision Orbit Propagator）	高精度轨道预报模型	精度最高的轨道预报模型，可以通过参数设置引入地球非球形引力、大气阻力、日月引力、太阳光压等多种摄动力的影响，该模型预报结果更符合现实，但运算过程复杂、仿真速度较慢
LOP （Long-term Orbit Propagator）	长期轨道预报模型	专用于较长时间跨度的轨道预报模型，如数月甚至几年内的高精度轨道预报模型，在进行时间跨度较大的轨道预报计算时具有较高的精度

由于空间目标监视雷达观测的主体是低轨卫星，本节的轨道仿真仅考虑起主要作用的地球非球形引力摄动和大气阻力摄动，仿真 4 颗卫星，其中"S0"采用二体预报模型作为对比的基准卫星；"S1"采用 J2 预报模型，用于分析地球非球形引力摄动对轨道的影响；"S2"采用高精度轨道预报模型，但只启用大气阻力选项，用于分析大气阻力摄动对轨道的影响；"S3"采用高精度轨道预报模型，启用 21 阶地球非球形引力摄动和大气阻力摄动，该卫星将作为下一章空间目标监视雷达的探测目标。

仿真目标的初始轨道根数如表 3-5 所示。

表 3-5　仿真目标的初始轨道根数

历元时刻	半长轴/km	偏心率	轨道倾角/(°)	近地点幅角/(°)	升交点赤经/(°)	真近点角/(°)
2022-09-01 04:00:00	7000	0.05	60	50	40	30

3.5.2　仿真操作

1. 地球非球形引力摄动仿真

（1）运行 STK 软件，在弹出对话框中点击"Continue Startup"按钮。

（2）弹出如图 3-29 所示对话框，点击"Create a Scenario"，建立一个新的场景。

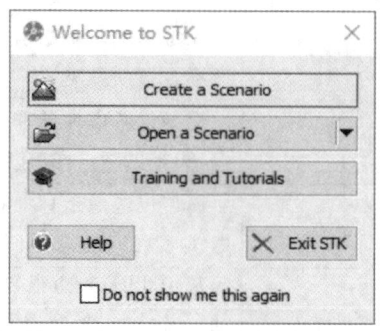

图 3-29　STK 启动选择对话框

（3）在如图 3-30 场景设置中输入相关参数，表 3-6 给出各参数意义及输入值，场景时间输入栏右边的下拉菜单可选不同时间格式，如 DD/MM/YYYY，可按日/月/年输入时间，建议场景时间（Start 和 Stop 间隔）设长些，便于分析查看，设置完后点击"OK"按钮，在弹出对话框中点击"Close"按钮。

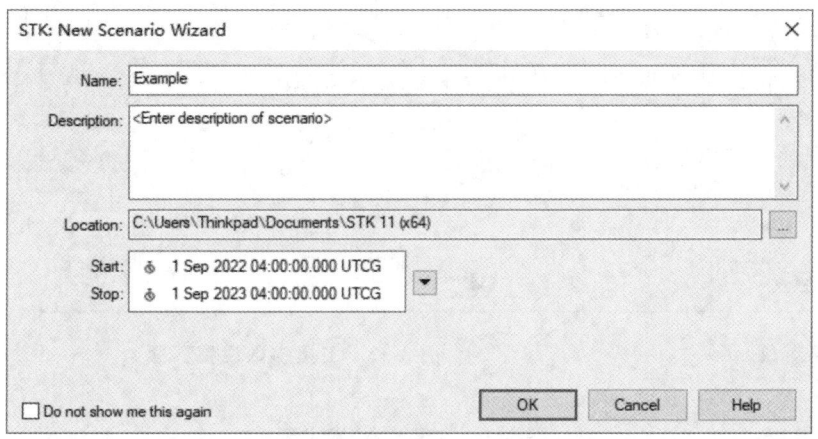

图 3-30　仿真场景基本属性设置对话框

表 3-6　场景设置参数

名　　称	意　　义	设 置 参 数
Name	仿真场景名称	Example
Description	仿真场景介绍	默认值
Location	仿真场景存放路径	默认值
Start	仿真开始时间	1 Sep 2022 04:00:00.000 UTCG
Stop	仿真结束时间	1 Sep 2023 04:00:00.000 UTCG

（4）点击工具栏上"Insert Default Object"按钮旁边的下拉菜单，选择"Satellite"，再点击"Insert"按钮，建立一个卫星对象，如图 3-31 所示。

（5）点击鼠标右键在"Object Browser"栏的卫星中选择"Rename"菜单，将其重命名为"S0"，该卫星将作为参考卫星。

（6）双击对象"S0"，弹出如图 3-32 所示的设置界面，在属性列表框中选择"Basic""Obit"，按照表 3-7 设置相关参数。

（7）点击左下角"Apply"按钮，再点击"OK"按钮，回到 3D 视图界面，使用鼠标调整视图（按住鼠标左键不放拖动调整视角，按住鼠标右键不放拖动调整远近）。

（8）点击鼠标右键，选择"S0"对象，在弹出菜单中选择"Copy"。

（9）点击"Object Browser"中工具栏的"Paste"按钮，复制一颗同样参数设置的卫星，将该卫星更名为"S1"，同时将"Propagator"属性值改为"J2Perturbation"，用以研究地球非球形引力摄动对轨道的影响。

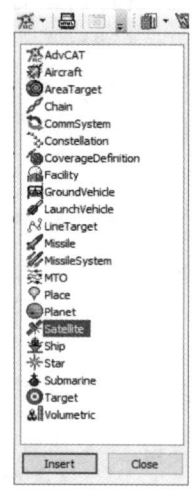

图 3-31 卫星对象

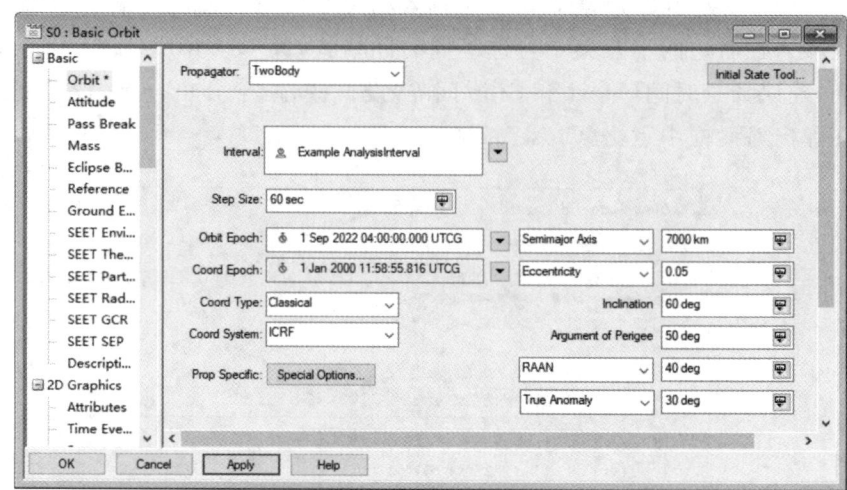

图 3-32 卫星参数设置界面

表 3-7 卫星 S0 参数设置

名 称	意 义	设 置 参 数
Propagator	轨道预报模型	TwoBody
Step Size	演算步长	60 s
Orbit Epoch	轨道根数历元时刻	1Sep 2022 04:00:00.000 UTCG
Coord Epoch	坐标系历元时刻	默认
Coord Type	参数格式	Classical(开普勒轨道根数)
Coord System	坐标系	ICRF
Prop Specific	细节参数设置	默认
Semimajor Axis	半长轴	7000 km
Eccentricity	偏心率	0.05
Inclination	轨道倾角	60°
Argument of Perigee	近地点幅角	50°
RAAN	升交点赤经	40°
True Anomaly	真近点角	30°

（10）双击"S1"，选择"2D Graphics""Attributes"，修改"Color"项，将轨迹颜色修改为其他颜色以便区分，如图 3-33 所示。

（11）切换到 3D 视图，点击仿真运行控制栏中的" ▶ "按钮运行仿真，可利用控制栏中的减速和加速按钮" ▼ "" ▲ "调整仿真运行快慢，点击" ◀◀ "恢复到开始时间，观察轨道随时间变化的变化情况。

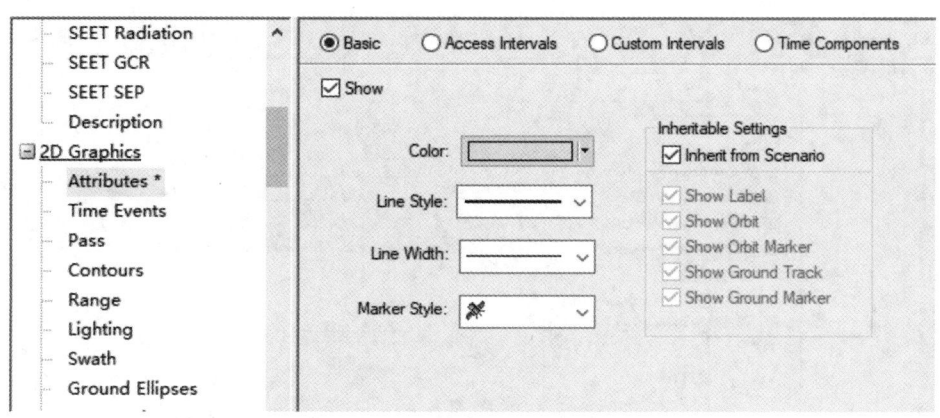

图 3-33　卫星轨迹颜色修改

（12）点击软件工具栏中的"Report & Graph Manager　　▾"按钮，然后在"Object Type"设置中选择"Satellite"，如图 3-34 所示。

（13）在右侧"Styles"设置栏中，选中"Example Styles"文件夹，点击"　　"生成图表，更名为"Graph 1"，如图 3-35 所示。

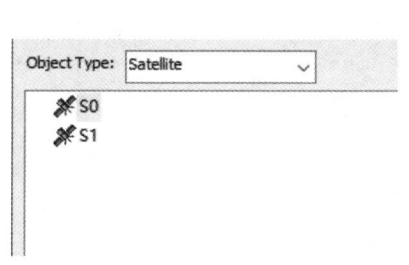

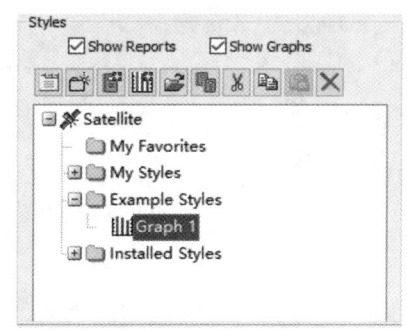

图 3-34　Object Type 设置　　　　　　　　图 3-35　生成图表

（14）点击"　　"进入设置界面，在左侧选择栏中选择"Classical Elements""ICRF""Semi-major Axis"，点击"Y Axis"栏的"　　"导入绘图参数，如图 3-36 所示。

（15）在左侧选择栏中选择"Classical Elements""ICRF""Inclination"，点击"Y2 Axis"栏的"　　"导入绘图参数，并以同样方式向"Y2 Axis"栏导入"RAAN"和"Arg of Perigee"，这几项参数单位相同，可在同一 Y 轴绘制参数，点击下方"Apply"按钮，再点击"OK"按钮，如图 3-36 所示。

（16）在报表窗口的左侧栏中选中"S1"对象，双击新建的"Graph 1"图表，查看各项轨道根数随时间变化的情况；有时绘制出的参数变化图形中 Y 轴坐标选取尺度过小，需要自行调整。调整方法是在图形上点击鼠标右键，在弹出的菜单中选择"Customization Dialog"，选择"Axis"标签，在"Y Axis"或者"Right Y Axis"栏中选择"Min/Max"，如图 3-37

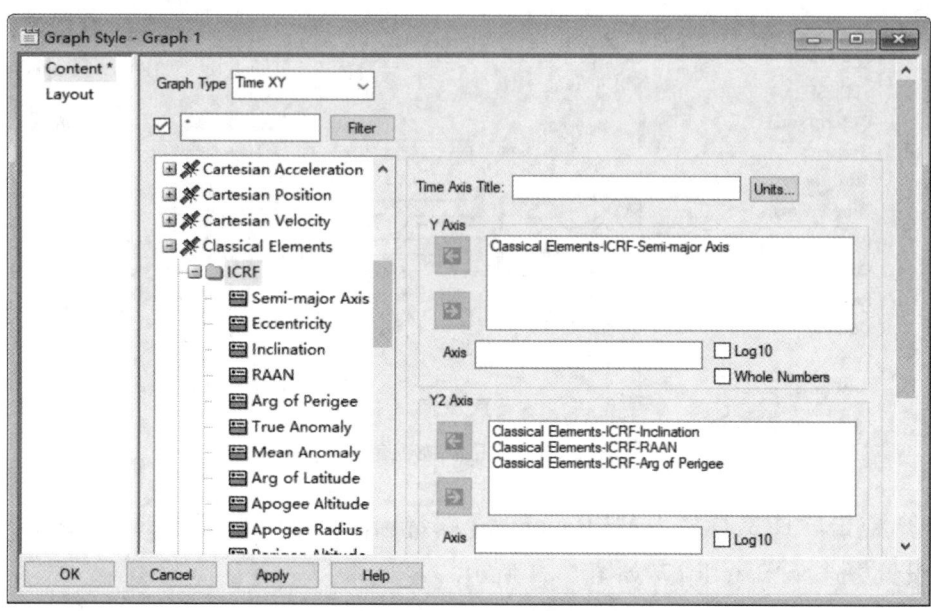

图 3-36　选择需要绘制的参数

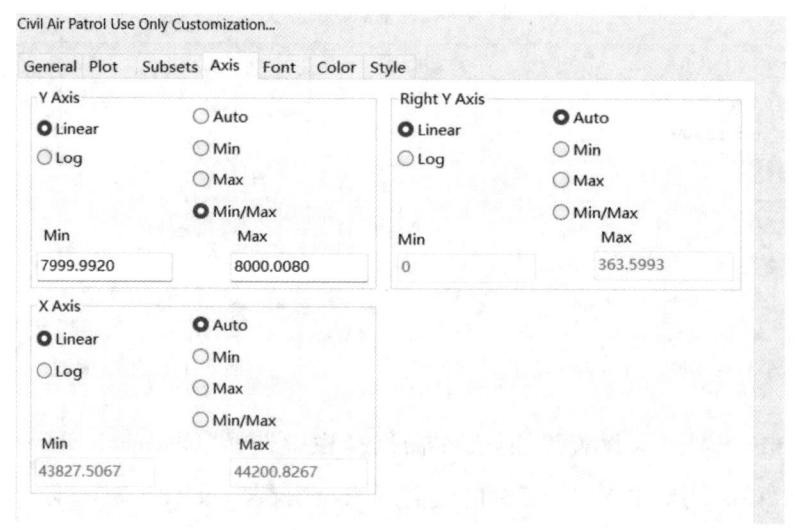

图 3-37　调整坐标轴

所示,然后输入最小值和最大值,点击"Apply",再点击"OK"。

(17)点击" ■ "保存场景。

2. 大气阻力摄动仿真

(1)参照前面"地球非球形引力摄动仿真"操作,在场景中以"S0"为模板复制一颗卫星"S2",注意选择"ICRF"坐标系。

(2)双击对象"S2",选择右方"Basic""Obit",进入设置窗口,将轨道预报模型改为

"HPOP"，HPOP 模型计算量较大，若计算太慢，可以适当增大演算步长。

（3）点击窗口中的"Force Model"按钮，弹出摄动力选择对话框，其中各设置项含义如表 3-8 所示，将该设置页面除"Drag"以外所有的"Use"复选框勾选项去掉，并将"Maximum Degree"和"Maximum Order"两项修改为 0，如图 3-38 所示，此时进行轨道计算的结果是仅考虑大气阻力摄动的预报结果，点击"OK"按钮。

表 3-8　不同摄动因素

名　　称	意　　义
Central Body Gravity	地球非球形引力摄动
Solar Radiation Pressure	太阳光压摄动
Drag	大气阻力摄动
Third Body Gravity	多体引力摄动

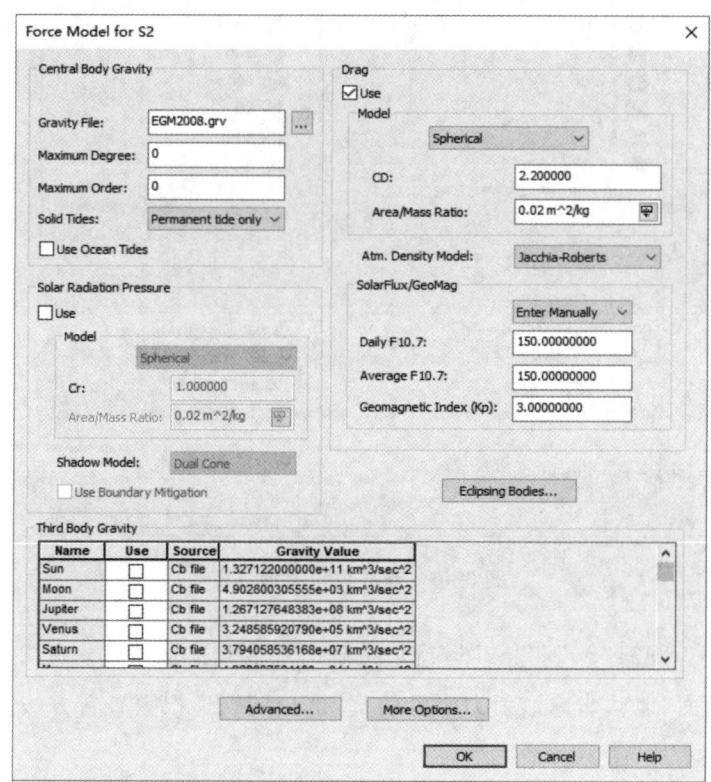

图 3-38　HPOP 模型 Force Model 设置界面

（4）点击属性窗口中的"Apply"按钮，再点击"OK"按钮。

（5）修改"S2"的轨道颜色，与"S0"和"S1"区分开。

（6）在"Object Browser"栏中，关闭"S1"的显示（取消对象左边的勾选），如图 3-39 所示，再点击 3D 视图的工具栏" "按钮，选择"S0"作为基准视角，如图 3-40 所示，然后点

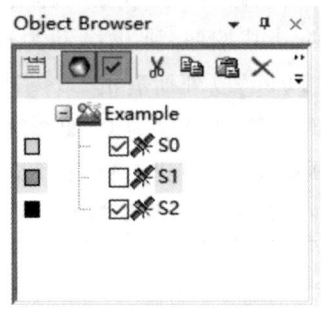

图 3-39 关闭"S1"显示

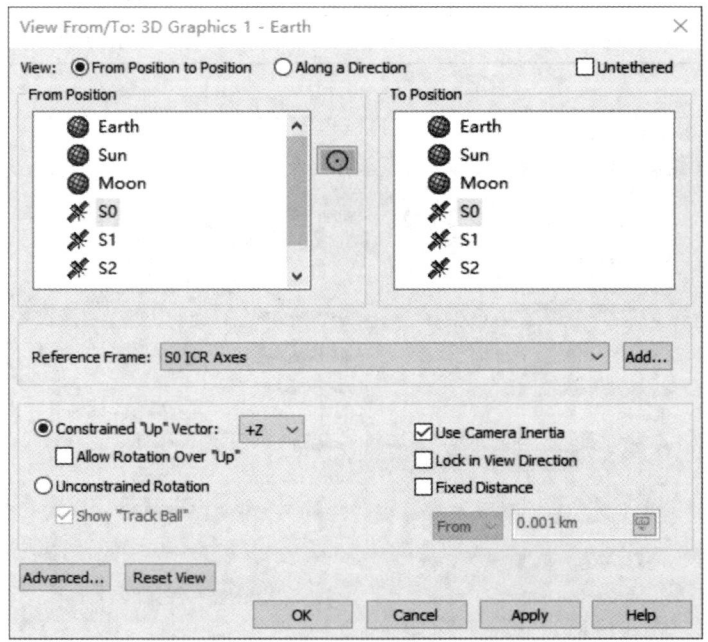

图 3-40 基准视角设置界面

击"▶"运行仿真,观察"S0"和"S2"运行轨道随时间变化的区别。

(7)参照前面"地球非球形引力摄动仿真"部分的轨道根数查看方法,绘制相关图表。

(8)点击"💾"保存场景。

3. 低轨卫星轨道仿真

(1)参照前面"地球非球形引力摄动仿真"操作,在场景中以"S0"为模板复制一颗卫星"S3"。

(2)在摄动因素选择时,启用大气阻力摄动(将"Drag"栏的"Use"勾选项选中),并将"Maximum Degree"和"Maximum Order"两项修改为21。

(3)查看卫星轨道,并保存场景,该目标作为下一章空间目标监视雷达的探测对象。

3.5.3　仿真分析

本节仅分析地球非球形引力和大气阻力摄动对轨道的影响,其他摄动因素读者自行分析。

1. 地球非球形引力摄动仿真

地球非球形引力摄动主要造成升交点赤经和近地点幅角的变化,对于其他三个轨道参数影响很小(真近地点角本身就随时间变化而变化,故这里不做分析,下同),各项轨道根数在地球非球形引力摄动影响下随时间变化的变化如图 3-41 和图 3-42 所示,半长轴、偏心率以及轨道倾角几乎不变,升交点赤经随时间变化逐渐减小,近地点幅角随时间变化逐渐增大。

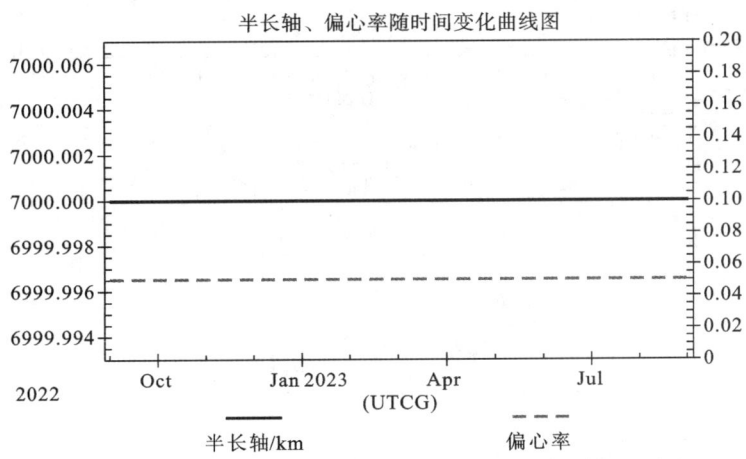

图 3-41　地球非球形引力摄动对半长轴及偏心率的影响

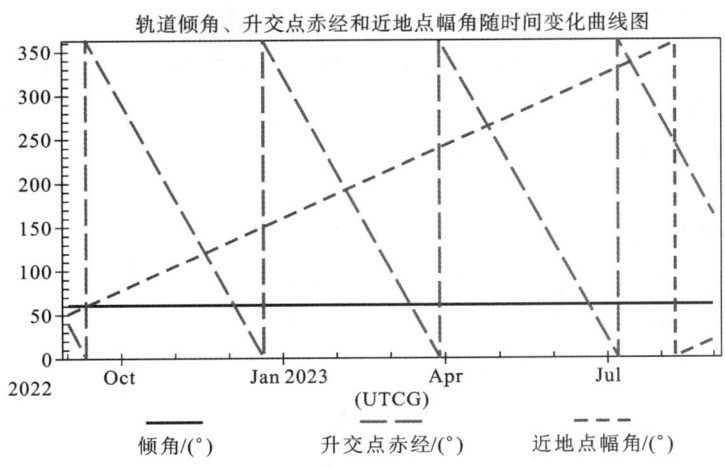

图 3-42　地球非球形引力摄动对轨道倾角、升交点赤经和近地点幅角的影响

2. 大气阻力摄动仿真

大气阻力摄动对轨道根数的影响主要体现在半长轴上,对其他轨道根数的影响较小,如图 3-43 所示。大气阻力是非保守力摄动,因此会造成机械能损失,导致卫星轨道半长轴随时间变化逐渐下降,并最终陨落。

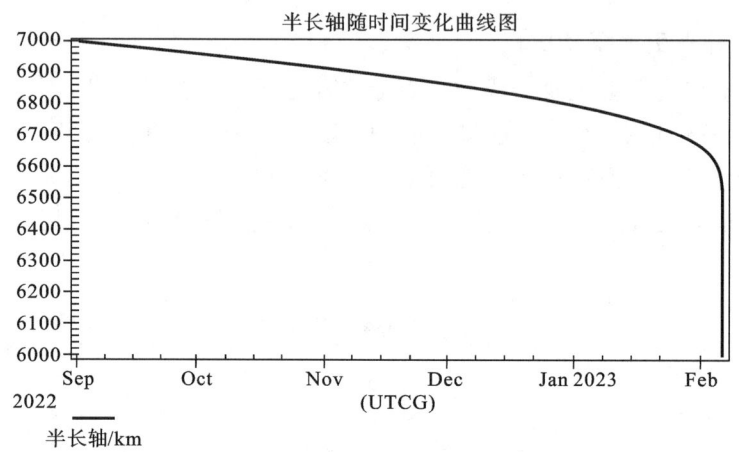

图 3-43　大气阻力摄动对半长轴的影响

练 习 题

1. 请简述 6 个开普勒轨道根数的定义和作用。

2. 请描述长期摄动、周期摄动、长周期摄动和短周期摄动的区别。

3. 请简述霍曼转移的基本条件,以及霍曼转移的基本流程。

4. 已知地球半径 6370 km,某卫星在轨道上运行,其近地点高度为 1630 km,远地点高度为 17630 km,取 $\mu = 4 \times 10^5$ km$^3 \cdot$ s^{-2},试求:

(1) 轨道偏心率 e;

(2) 轨道半长轴 a(单位为 km);

(3) 轨道周期 T(单位为 h);

(4) 近地点速度 v_P 和远地点速度 v_A(单位为 km/s);

(5) 比角动量 $\boldsymbol{h}$(单位为 km^2/s);

(6) 若卫星质量为 1 kg,求其机械能 E(单位为 kg · km^2/s^2);

(7) 轨道高度约 3230 km 时真近点角 f(单位为°);

(8) $f = 60°$时卫星的周向速度 v_f 和径向速度 v_r(单位为 km/s)。

5. 已知某卫星 TLE 两行根数如下,请描述该卫星以下信息。

1 41315U 16006A   17136.63832991   -.00000054 +00000-0 +00000-0 0 9995

2 41315 055.0261 174.5746 0003395 292.3087 067.7255 01.86235706 08794

（1）国际编号、观测时间、发射年份和批次；

（2）到目前为止一共运行的圈数，以及平均角速度（单位为圈/天）；

（3）偏心率、轨道倾角、升交点赤经、近地点幅角和平近点角。

6. 某卫星 S_1 在圆轨道 C_1 上运行，如图 3-44 所示，经过一次双椭圆轨道转移后，进入圆形轨道 C_2 的轨道上运行，已知轨道 C_1 的半径为 16000 km，轨道 C_2 的半径为 36000 km，第二次机动点 A 距离地心的距离为 144000 km，取地球引力常数 $\mu=4\times10^5$ km$^3\cdot$s^{-2}，求：

（1）转移轨道 E_1 的半长轴（单位为 km）和偏心率；

（2）转移轨道 E_2 的半长轴（单位为 km）和偏心率；

（3）轨道机动的总速度增量（单位为 km/s）；

（4）转移消耗的时间（单位为 h）。

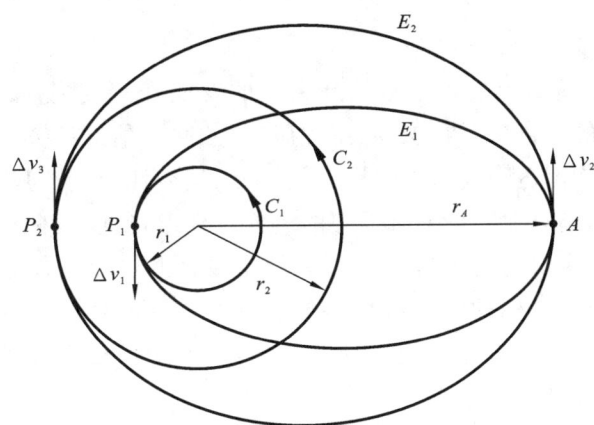

图 3-44　练习题 6 图

第4章

相控阵雷达空间目标探测

　　空间目标监视雷达担负着近地空间新目标的发现、已有过境目标的跟踪、轨道维持,以及空间目标的编目、成像、识别、特性研究、威胁评估等任务。相较于传统的机械扫描雷达,相控阵雷达因其卓越的性能、效率和适应性,在空间目标监视领域得到了广泛应用。为了应对雷达系统所承担的多样化任务,空间目标探测相控阵雷达系统具备多种工作模式。这些工作模式对系统的设计和主要性能指标的确立具有重大影响。考虑到空间目标的运动特性各异、雷达截面积(RCS)不同,以及平时和战时电磁环境的差异,雷达需要采用不同的工作模式、信号处理和目标跟踪方法来完成空间目标的探测任务。

　　本章首先探讨了相控阵雷达在空间目标探测中的典型工作模式及其资源管理策略;然后介绍了雷达的探测与跟踪方法;最后设计了一个仿真实验,利用 STK 软件构建了空间目标探测相控阵雷达的仿真模型,并结合上一章所生成的卫星轨道仿真数据,对雷达的空间目标探测性能进行了研究和分析。

4.1　相控阵雷达空间目标监视基础

　　本节从基本功能、工作模式、工作流程以及目标运动特性与可见性约束四个方面进行详细阐述,以全面理解相控阵雷达在空间目标监视中的作用。

4.1.1　基本功能

　　低轨道区域是人类空间活动最为密集的区域,在这一区域分布着照相侦察卫星、电子侦察卫星、通信卫星、导航卫星、气象卫星和海洋监视卫星等航天器,此外宇宙飞船、载人空间站的飞行高度一般在 $250\sim400$ km。对于低轨道区域,地基雷达是最佳的空间目标探测手段。

空间目标监视雷达一般采用脉冲精密测量雷达或相控阵雷达,其中相控阵雷达具有很强的搜索和跟踪能力,能有效地实现对地球中、低轨道上空间目标的探测。空间目标监视雷达主要担负卫星和空间碎片的探测跟踪和编目管理,及时发布空间目标碰撞、陨落等各种空间安全威胁预警,为天基平台安全运行提供空天态势。在战时,空间目标监视雷达可对重点监视的空间目标进行精密轨道测量、目标识别,为空间攻防提供目标指示信息。

相控阵雷达技术由于其独特的波束捷变能力,具有自适应、多功能、多目标跟踪等优点。利用计算机控制相控阵雷达,可以自适应地改变雷达有关技术参数,适应变化的环境,例如,根据需要选择工作方式、改变发射频率、功率、搜索和跟踪数据率、天线波束形状、波束驻留时间、信号脉宽和带宽等具体参数,使相控阵雷达满足空间目标探测要求,完成空间目标探测、跟踪、测轨、编目、预报、识别等多种任务[41]。

除了专用地基监视雷达外,反导预警系统的地基远程预警相控阵雷达也能监视中、低轨空间目标。美国和俄罗斯的空间监视系统都利用了反导预警雷达,如美国的"铺路爪"和俄罗斯的"沃罗涅日"雷达。由于 70% 以上的空间目标轨道高度与弹道导弹飞行区域重叠,这些雷达在执行探测任务时会同时探测到空间目标和弹道导弹目标。通过协同探测,弹道导弹预警雷达可支持空间目标监视,而空间目标监视雷达支持弹道导弹预警系统进行星弹分选。两类雷达的协同探测指标要求有所不同,如表 4-1 所示[42]。

表 4-1　空间目标监视雷达和弹道导弹预警雷达协同探测指标比较

探测指标	空间目标监视雷达	弹道导弹预警雷达
探测仰角	高仰角	低仰角
抗干扰技术	要求低	要求高
分辨率	高	高
多目标能力	中等	强
实时性要求	中等	强
阵面方向	南(北)方向	威胁方向
布站位置	低纬度	前置部署

空间目标探测相控阵雷达通过测量空间目标的运动特性、雷达反射特性、多普勒特性和宽带特性来获取目标信息,是空间目标监视系统的重要组成部分,它可以同时监视多个空间目标,具有很强的搜索、发现新空间目标的能力,主要用于监视和探测平均轨道高度 $300\sim1600$ km 的近地轨道目标,如各种对地侦察卫星、地球应用卫星和移动通信卫星等。

空间目标探测相控阵雷达可对各种空间目标进行探测、截获、跟踪、编目、分类、识别,提供空间目标活动态势和各种目标的特征,实现近地空间态势感知。它主要有以下功能[41]。

(1)空间目标的测轨编目。了解与掌握卫星和空间碎片等空间目标的轨道信息,探测新的空间目标并确定其轨道,通过测量信息更新空间目标轨道参数,提供卫星过境预报和跟踪引导。

(2)弹道导弹预警。发现威胁目标,提供发点、落点预报和预警时间,为导弹防御系统提供预警,为制导雷达提供目标信息。

(3)空间预警。承担空间目标编目、识别、特性研究、任务确定、威胁评估、攻击预警。

(4)陨落及解体监视。对于运行于近地轨道的目标,由于大气阻力等因素,导致目标轨道高度不断降低,最终陨落;在陨落过程中会发生解体、燃烧,残骸会坠落到地面,威胁人员安全,相控阵雷达能对空间目标再入过程进行监视与预报。

(5)碰撞规避。人类在空间活动过程中,在太空遗留了大量失去效用的人造物体及在发射和事故过程中解体的大量碎片,使空间目标数量急剧上升,造成空间目标碰撞时有发生;相控阵雷达可用于监视空间碎片变化情况,为航天飞船和卫星的发射、空间运行提供碰撞规避服务。

4.1.2　工作模式

在空间目标探测工作模式下,相控阵雷达担负覆盖区内和视距内卫星和空间碎片的发现、跟踪、测量、识别、轨道计算、编目、威胁评估和预警。

在实施空间目标探测时,搜索到空间目标后,即转入跟踪,对重点监视的空间目标,进行距离分辨、精密测量和分类识别。在应用中,针对典型场景,通过设计相应的工作模式,能够将搜索工作方式、跟踪工作方式,以及雷达控制参数、任务调度策略封装起来。空间目标探测工作模式设计框图如图 4-1 所示。

图 4-1 中,在搜索工作方式下,进行搜索屏设计和波位编排,优化搜索参数,如波形、驻留时间、检测策略和门限;在跟踪工作方式下,在搜索和跟踪状态之间分配信号能量,优化跟踪、确认、失跟、测速、识别等雷达任务要求的跟踪数据率、发射波形、重复频率、波束指向及驻留时间;在任务调度中,根据各类任务的优先级及约束条件,对各种任务及其所需的雷达资源进行自适应调度,以便均衡和充分地利用雷达资源。

根据空间目标探测相控阵雷达的探测能力指标、面临的主要探测对象和重点目标威胁,可以为雷达执行空间目标监视任务设计多种典型工作模式,如常态监视工作模式、重点目标跟踪工作模式、空间对抗工作模式等。在作战环境变化时,需要灵活地选择工作模式,并修改资源管理参数。

工作模式设置应注意两个问题:一是根据任务轻重和目标威胁灵活调整任务优先级,合理分配搜索、跟踪与识别任务的时间资源;二是把握平时模式和战时模式时机,适时根据战备值班等级转进,调整工作模式。

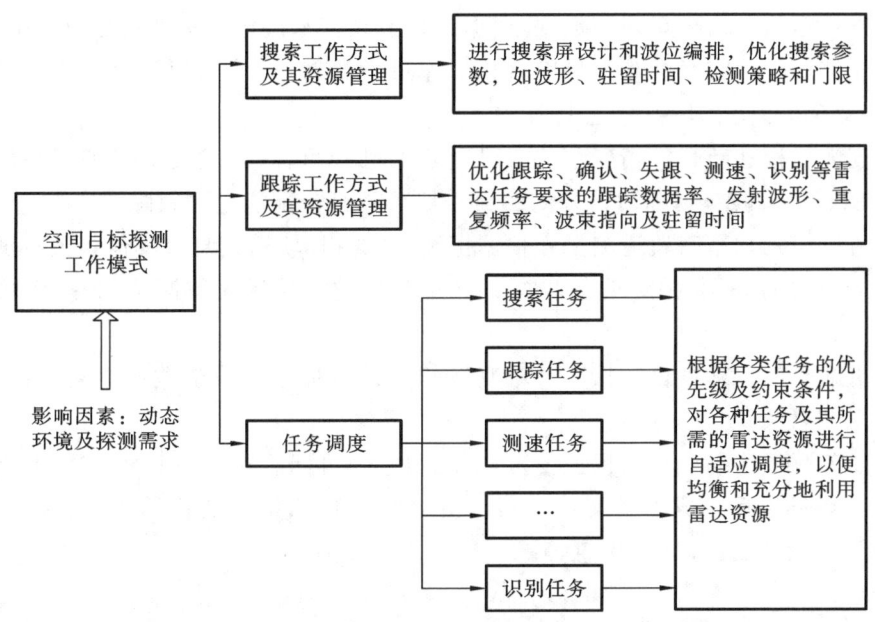

图 4-1　空间目标探测工作模式设计框图

4.1.3　工作流程

空间目标探测相控阵雷达工作流程主要分两种：一是对任务计划安排探测的目标进行处理；二是对搜索屏捕获的目标进行处理，包括在库目标和新目标两类。

1. 对任务计划安排探测的目标进行处理

（1）任务计划加载。及时接收空间目标监控中心的观测方案，制定相控阵雷达的详细任务规划。

（2）目标搜索。依据任务规划，进行引导搜索或设置搜索屏快速搜索，发现空间目标。在引导搜索方式下，在目标引导位置附近设置小的搜索区域，也可以根据目标预测位置在惯性空间中设置小的搜索区域。在自主搜索方式下，对搜索屏参数进行设置，如搜索屏的扫描间隔时间、空域、波形等。

（3）目标确认与跟踪。雷达在截获目标后，进行实时关联匹配，在确认计划目标后，以特定的数据率进行跟踪。

（4）任务测量结果上报。根据要求，实时向空间目标监控中心上报雷达测量结果，或者在跟踪弧段结束后生成测量文件上报。

2. 对搜索屏捕获的目标进行处理

（1）搜索屏参数设置。对搜索屏参数进行设置，如搜索屏的扫描间隔时间、空域、波形等。

（2）目标确认与跟踪。雷达在截获目标后，进行实时关联匹配，在确认计划目标后，以特定的数据率进行跟踪。跟踪测量发现的空间目标，掌握其运动情况。

（3）初步定轨。由少量观测数据，根据二体运动模型确定目标的初始轨道根数。

（4）轨道识别。将目标和卫星编目数据库进行比对，可快速识别出是否为已知卫星目标，此外，还可以进行星弹分选识别。

（5）变轨目标和新目标精确跟踪。对变轨的已知目标、新发射卫星和新解体目标进行精确跟踪、识别和定轨，而对已知的编目目标可不必分配能量去跟踪。

（6）目标识别和精密轨道测量。根据探测到的目标轨道信息及其他相关特征信息对重点空间目标进行识别，并对重点监视的空间目标进行精密轨道测量，为空间攻防提供目标指示信息。

（7）更新空间目标编目数据库。对变轨的已知目标进行轨道数据更新，将新目标信息添加到编目数据库。

（8）任务测量结果上报。根据要求，实时向空间目标监控中心上报雷达测量结果，或者在跟踪弧段结束后生成测量文件上报。测量结果包括精确的目标位置、速度信息、卫星与碎片识别信息、目标轨迹信息等。

4.1.4　目标运动特性与可见性约束

相控阵雷达对空间目标采集测量数据的基本条件之一是雷达与监视目标间几何可见，即雷达与监视目标的连线间无遮挡（通视）[4]。相控阵雷达随地球自转在惯性空间中运动，而空间目标也按力学规律运动。因此，两者间能否几何可见取决于两者的相对运动结果，即地球是否在雷达和目标的连线上产生遮挡。由此可见，相对运动是两个运动目标间可见的内在原因。当没有相对运动时，要么一直可见，要么永不可见。

反映地基雷达和目标相对运动的最直接方法之一是目标的星下点轨迹。对轨道高度 300～1700 km 的低轨道目标而言，其运动周期为 90～120 min，每天绕地球运行 12～16 圈，纬度覆盖范围取决于轨道倾角的大小。因此，低轨道目标对布设在纬度小于轨道倾角的雷达（面北）每天至少有两次可见。对于北半球阵面法向朝南的雷达，理论上对低轨目标仍然存在盲区，对轨道高度小于 $H_{\min}$ 的目标，视线不可见，$H_{\min}$ 的表达式为（卫星位于雷达所在子午圈的简单情况）

$$H_{\min}=R_e\left(\frac{1}{\cos(\varphi_L-i)}-1\right) \tag{4-1}$$

式中：R_e 为地球的半径；φ_L 为雷达站的纬度；i 为空间目标的轨道倾角。

对于回归轨道目标，如果在一个回归周期内，目标均不在雷达视场内，则对该目标的轨道不可见。

若目标出现在测站所在地平面上，则认为目标视线可见。在视线可见的基础上，还需要根据雷达的波束空域覆盖范围、探测距离、工作时间等，结合天气和环境因素，进一步得到雷达对目标的可见时段。由于空间目标的轨道运动和地球自转，如果雷达希望每天能够观测到低轨道目标一升一降两次，则雷达需要同时覆盖（或快速扫描覆盖）较大的东西方向角度（经度）。

4.2　搜索工作方式及其管理方法

由于空间目标探测相控阵雷达要观测的目标,如卫星、弹道导弹、空间碎片等,距离远、速度快、RCS 变化范围大,且需要完成多任务、多功能,因此需要设计多种工作方式。空间目标探测相控阵雷达的主要工作方式包括搜索工作方式和跟踪工作方式。合理安排相控阵雷达的工作方式对雷达各项技术指标的确定和雷达控制软件的编制都十分重要。

搜索工作的资源管理方法包括搜索屏设置、波位编排、搜索波形调度等问题,主要根据雷达系统参数、目标特性、所设定的搜索性能等,计算出搜索空域、扫描间隔时间、搜索波形等搜索控制参数,生成一系列搜索任务。

4.2.1　搜索工作方式的概念

利用天线波束扫描的灵活性以及信号波形的多样性,空间目标探测相控阵雷达可以灵活、合理地安排搜索工作方式,其典型的搜索工作方式包括自主搜索方式和引导搜索方式。

(1)自主搜索方式。适用于在没有先验轨道信息的情况下,监视空域中可能出现的新目标。由于没有目标的先验知识,雷达需要利用空间目标和搜索屏相对运动的特点,设置搜索屏使其搜索发现未知空间目标。

(2)引导搜索方式。按先验轨道信息、监视中心的任务计划或目标指示数据进行搜索。利用目标指示数据,如观测时间、坐标位置、目标轨道和预报精度等,相控阵雷达可在空间目标预报位置附近一个较小的搜索空域内对目标进行搜索,有利于提高目标发现概率和截获概率。引导搜索方式流程如图 4-2 所示[43]。其中,目标轨道预报和交接引导

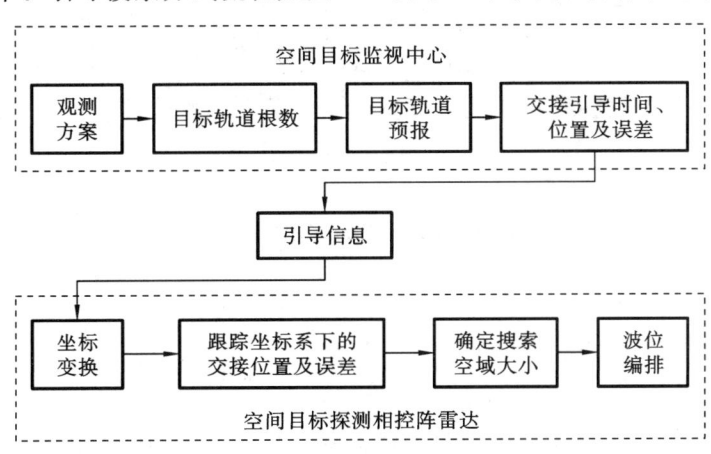

图 4-2　引导搜索方式流程

误差的计算是重难点问题。

4.2.2　雷达搜索距离

搜索距离方程是基本雷达距离方程的变形,描述了雷达在搜索状态下的性能。相控阵雷达的首要任务是连续扫描特定空域来搜索感兴趣的目标,基于相控阵天线波束扫描的灵活性,可在不同搜索空域内灵活采用不同信号,因此,可得出不同的搜索距离。对于一个功率孔径积和检测性能已知的雷达,预定搜索空域大小和允许的搜索时间是影响相控阵雷达搜索距离的两个主要因素[44][45]。

当相控阵雷达处于搜索状态时,设它应完成的搜索空域的立体角为 Ω,雷达天线波束宽度的立体角为 $\Delta\Omega$,单位为球面度,发射天线波束在每一个波束位置的驻留时间为 t_{dw},则搜索完整个空域所需的时间,即搜索时间为

$$T_s = \frac{\Omega}{\Delta\Omega} t_{dw} \tag{4-2}$$

考虑相控阵雷达天线波束宽度在偏离法向方向上的展宽,搜索空域立体角 Ω 通常由搜索空域的方位搜索范围 ϕ_r 以及俯仰搜索空域的上界 θ_u 和下界 θ_d 来定义,角度单位均为弧度,即

$$\Omega = \phi_r(\sin\theta_u - \sin\theta_d) \tag{4-3}$$

对于小的搜索空域,俯仰搜索范围 $\theta_r = \theta_u - \theta_d$,可以近似地将搜索空域的立体角 Ω 表示为方位搜索范围 ϕ_r 与俯仰搜索范围 θ_r 的乘积

$$\Omega = \phi_r(\sin\theta_u - \sin\theta_d) \approx \phi_r \cdot \theta_r \tag{4-4}$$

令波束宽度的立体角 $\Delta\Omega$ 近似表示为方位波束宽度 $\Delta\phi_{0.5}$ 与俯仰波束宽度 $\Delta\theta_{0.5}$ 的乘积,即

$$\Delta\Omega \approx \Delta\phi_{0.5} \cdot \Delta\theta_{0.5} \tag{4-5}$$

对于小的搜索空域,有

$$T_s = \frac{\Omega}{\Delta\Omega} t_{dw} \approx \frac{\phi_r \theta_r}{\Delta\phi_{0.5} \Delta\theta_{0.5}} \cdot t_{dw} \tag{4-6}$$

考虑到发射天线增益 G_t 可用波束宽度的立体角 $\Delta\Omega$ 表示,将式(4-6)代入,可得

$$G_t = \frac{4\pi}{\Delta\Omega} = \frac{4\pi}{\Omega} \cdot \frac{T_s}{t_{dw}} \tag{4-7}$$

接收天线增益 G_r 与天线有效面积 A_r 的关系为

$$G_r = \frac{4\pi A_r}{\lambda^2} \tag{4-8}$$

对脉冲雷达来说,波束驻留时间为

$$t_{dw} = n_s T_r \tag{4-9}$$

式中:n_s 为天线波束在该波束位置照射的脉冲数目;T_r 为脉冲重复周期。

n_s 个脉冲经脉冲压缩滤波器处理后,输出信噪比 $(S/N)_{n,o}$ 为

$$\left(\frac{S}{N}\right)_{n,o} = n_{\mathrm{s}}\left(\frac{S}{N}\right)_i D = n_{\mathrm{s}}\left(\frac{S}{N}\right)_i \tau B \tag{4-10}$$

式中：$\left(\dfrac{S}{N}\right)_i$ 是单个脉冲匹配滤波器输入信噪比；D 为脉压比，$D = \tau B$；τ 为脉冲宽度；B 为信号带宽。

根据发射机峰值功率 P_{t} 和平均功率 P_{av} 的关系，有

$$P_{\mathrm{av}} = \frac{P_{\mathrm{t}}\tau}{T_{\mathrm{r}}} \tag{4-11}$$

脉冲雷达作用距离的表达式为

$$R^4 = \frac{P_{\mathrm{t}}\lambda^2\sigma}{(4\pi)^3 kTB(S/N)_i L} G_{\mathrm{t}} \cdot G_{\mathrm{r}} \tag{4-12}$$

将式(4-7)~式(4-11)代入式(4-12)可得

$$R^4 = \frac{P_{\mathrm{t}}\lambda^2\sigma}{(4\pi)^3 kTB(S/N)_i L} \cdot \frac{4\pi}{\Omega} \cdot \frac{T_{\mathrm{s}}}{t_{\mathrm{dw}}} \cdot \frac{4\pi A_{\mathrm{r}}}{\lambda^2} = \frac{P_{\mathrm{av}} A_{\mathrm{r}}\sigma}{4\pi kT(S/N)_{n,o} L} \cdot \frac{T_{\mathrm{s}}}{\Omega} \tag{4-13}$$

式中：P_{av} 为雷达平均功率；A_{r} 为雷达接收孔径面积；σ 为目标雷达截面积；k 为玻尔兹曼常数，$k = 1.38 \times 10^{-23}$ J/K；T 为雷达系统噪声温度；L 为雷达系统损耗，包括传输损耗和处理损耗；$(S/N)_{n,o}$ 为 n_{s} 个脉冲经脉冲压缩滤波器后的输出信噪比；T_{s} 为空域搜索时间；Ω 为搜索空域的立体角，单位为球面度。

可知，雷达搜索时的最大距离在理论上与雷达功率孔径积 $P_{\mathrm{av}}A_{\mathrm{r}}$ 及搜索时间 T_{s} 成正比，与搜索空域的立体角 Ω 成反比。实际上，针对空间目标的搜索，不同空域所需的作用距离和搜索时间 T_{s} 可能都会不同，具体的作用距离依赖于雷达能量的管理。根据目标特性和对雷达作用距离的需求，可改变方位与俯仰搜索空域范围，通过缩小搜索空域增加雷达的作用距离。

4.2.3　搜索屏设计

雷达利用搜索屏执行搜索任务，与搜索屏设置相关的参数如下。

1. 搜索空域

搜索空域包括搜索屏形状、方位搜索范围、俯仰搜索范围、搜索距离范围等参数。搜索屏形状可以取为等俯仰角面，相当于锥面的一部分，也可以取为平的扇面，扇面中间部分对应的俯仰角高于扇面两侧的。

对于空间目标探测，俯仰角的高度非常关键，设置高的或低的俯仰角各有利弊。根据空间目标的空间分布特性，绝大多数目标轨道倾角大于 $50°$，为了有效截获目标，搜索屏可设置较高的俯仰角，并采用较大的方位扫描范围，在搜索屏的俯仰角高时，对应的目标斜距小，可以发现更小的目标。也可以设置较低的俯仰角，搜索屏的俯仰角低，发现目标的距离远，张开的经度范围大。搜索屏捕获到新目标后，调度跟踪波束，获得目标的初始轨道根数，如果搜索屏的俯仰角高度不够，对下降的目标难以确定其初始轨道根数。

AN/FPS-85 雷达的天线阵面指向正南，仰角为 45°。它可以在方位角上实现 ±60° 的扫描范围，并在俯仰角上从地平线扫描到天顶上方 15°。

"丹麦眼镜蛇"雷达在承担空间碎片观察任务时，通常采用仰角 50°、宽 60°（方位 289°～349°）的电子篱笆，探测距离范围为 417～2501 km。

2. 波束跃度

在波束扫描时，相邻天线波束的间隔称为波束跃度。如果波束位置之间没有重叠，则相邻波束之间有空隙。为了消除雷达波束之间的空隙，雷达波束的位置之间必须有部分重叠。定义波束跃度系数为

$$K = \frac{\Delta\theta}{\Delta\theta_{0.5}} \tag{4-14}$$

式中：$\Delta\theta$ 为波束跃度；$\Delta\theta_{0.5}$ 为波束宽度。为了使搜索空域的空隙小于 1‰，K 一般小于 0.9。

AN/FPS-85 雷达采用 3×3 的接收波束簇进行信号接收，波束之间的间隔为 0.4°，提供了 1 dB 的波束交叉，从而降低了波束形状损耗。每个独立的接收波束宽度为 0.8°，因此整个波束的簇宽度为 0.4°+0.8°+0.4°=1.6°。在进行搜索时，会使用全部九个接收波束，但在跟踪阶段，仅使用其中的五个波束。

3. 扫描间隔时间

相邻两次搜索指定空域的间隔时间称为搜索屏扫描间隔时间 T_{si}。如果相控阵雷达在搜索过程中没有发现目标，雷达只需执行搜索任务，不必执行跟踪任务，这时 T_{si} 与式（4-6）中的搜索时间 T_s 相等。如果相控阵雷达在搜索过程中发现目标，用于确认、跟踪这些目标需要花费一定时间 T_{tt}（也称为总跟踪时间），则扫描间隔时间为搜索时间 T_s 加上总跟踪时间 T_{tt}，即

$$T_{si} = T_s + T_{tt} \tag{4-15}$$

由上式可以看出，如果跟踪目标数量增加，则 T_{tt} 增加，T_{si} 也会相应增加，搜索效率将会降低。对于空间目标探测，时间资源的紧张主要由于探测几千千米远的目标需要长重复周期脉冲。

搜索屏的扫描间隔时间 T_{si} 主要取决于目标穿过搜索屏的时间 Δt_p 和在搜索过程中对目标的累积发现概率。目标穿越雷达搜索屏示意图如图 4-3 所示。

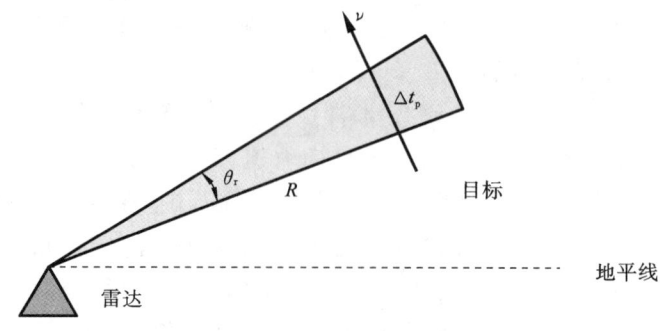

图 4-3 目标穿越雷达搜索屏示意图

设搜索屏的仰角范围为 θ_r，根据目标飞行方向与速度 ν 和预计的目标距离 R，当 θ_r 较小时，可近似计算穿屏时间 Δt_p，有

$$\Delta t_p \approx \frac{R\theta_r}{\nu} \tag{4-16}$$

若要求在穿屏时间 Δt_p 内雷达至少对目标进行 N_{si} 次搜索照射，则 T_{si} 需满足以下约束条件：

$$N_{si} T_{si} \leqslant \Delta t_p \tag{4-17}$$

由于空间目标 RCS 较大，每次搜索时对目标的发现概率较大，常令 $N_{si}=1$。

例如，使用"丹麦眼镜蛇"雷达探测距离范围为 $417\sim2501$ km 的空间目标，波束宽度 $0.6°$，令空间目标的速度为 7.8 km/s，则不同距离上空间目标穿屏时间如表 4-2 所示。

表 4-2　不同距离上空间目标穿屏时间

目标距离/km	500	1000	1500	2000	2500
穿屏时间/s	0.67	1.34	2.01	2.69	3.36

4. 信号波形参数

信号波形参数包括脉冲重复周期、脉冲宽度、信号调制方式、带宽等。相控阵雷达对低轨空间目标探测通常采用无模糊距离波形，空间目标距离远且速度快，发射信号的脉冲重复周期较长，一般为毫秒量级，脉冲重复周期与无模糊探测距离有关，无模糊探测距离表示为

$$R_0 = \frac{c \cdot (T_r - \tau)}{2} \tag{4-18}$$

式中：c 为电磁波传播速率；T_r 为脉冲重复周期；τ 是脉冲宽度。探测远距离目标使用长脉冲重复周期波形，探测近距离目标使用短脉冲重复周期波形。

综上，在编制搜索工作方式的控制程序时，对于每一种搜索工作方式或者子搜索空域，可以分别设置搜索方式的控制参数表，给出不同的数值，控制参数之间要满足一定的约束关系。将式(4-6)、式(4-15)和式(4-16)代入式(4-17)中，并进行化简，得到

$$\frac{\phi_r \theta_r}{\Delta\phi_{0.5} \cdot \Delta\theta_{0.5}} \leqslant \frac{R\theta_r}{\nu N_{si} \cdot t_{dw}} - \frac{T_{tt}}{t_{dw}} \tag{4-19}$$

式中：ϕ_r、θ_r 分别为方位搜索范围、俯仰搜索范围；$\Delta\phi_{0.5}$、$\Delta\theta_{0.5}$ 分别为方位波束宽度、俯仰波束宽度；R 为目标距离；ν 为目标速度；N_{si} 为搜索发现目标所需的搜索照射次数；T_{tt} 为用于确认、跟踪目标所花费的时间；t_{dw} 为波束驻留时间。

通常限定俯仰搜索范围 θ_r 为一个确定的值，由式(4-19)可知，当跟踪目标数量较多时，方位搜索范围 ϕ_r 小于或等于某一个确定值，即

$$\phi_r \leqslant \frac{R \cdot \Delta\theta_{0.5} \cdot \Delta\phi_{0.5}}{\nu N_{si} \cdot t_{dw}} - \frac{T_{tt} \cdot \Delta\theta_{0.5} \cdot \Delta\phi_{0.5}}{t_{dw}\theta_r} \tag{4-20}$$

例如，使用"丹麦眼镜蛇"雷达探测距离为 1500 km 的空间目标，目标的速度为 7.8 km/s。雷达的方位和俯仰波束宽度均为 $0.6°$，俯仰方向上的搜索范围与波束宽度相同。搜索时间和总的跟踪时间各占 50%。采用单个脉冲进行探测，距离上无模糊，脉冲重复

周期为无模糊距离的 1.5 倍,可得驻留时间为 0.015 s。在搜索过程中,搜索照射次数为 1 次,则搜索方位范围为

$$\phi_r \leqslant 0.5 \cdot \frac{R \cdot \Delta\theta_{0.5} \cdot \Delta\phi_{0.5}}{\nu N_{si} \cdot t_{dw}} = 0.703 \text{ rad} \approx 40.3° \tag{4-21}$$

4.3 跟踪工作方式及其管理方法

当采用搜索屏或引导搜索发现目标后,转入跟踪工作方式。对空间目标的确认、跟踪、编目、测速、分类、识别是通过跟踪工作方式实现的。由于应用不同,跟踪工作方式又可分为窄带跟踪方式、中等带宽跟踪方式、宽带信号跟踪方式和测速跟踪方式,每种方式采用不同的波形、数据率、脉冲重复频率和驻留时间实现。

跟踪工作方式主要研究以下问题:搜索到跟踪的转换、目标跟踪方法、跟踪数据率的选择、跟踪目标丢失的处理、窄带跟踪可提取的目标特征、速度测量、RCS 测量、宽带特征提取等。

4.3.1 跟踪工作方式的概念

对于同一个目标,雷达工作状态随着信息的积累程度而不断变化,探测任务处理流程如图 4-4 所示。

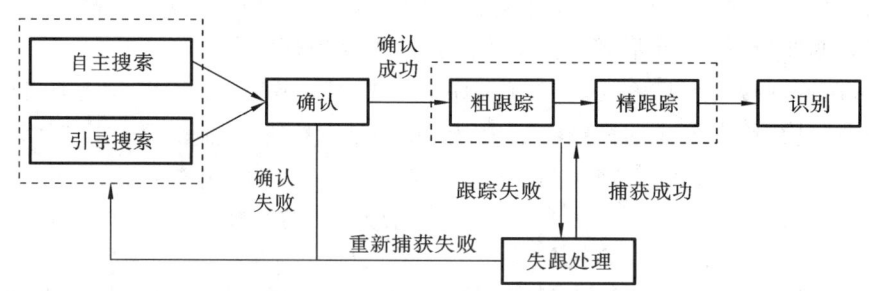

图 4-4 探测任务处理流程

在搜索工作方式下发现回波之后,需要确认其是真正的目标还是内部噪声或是外界随机干扰,在转入跟踪之前都必须有一个目标确认过程,或搜索转跟踪过程。利用相控阵雷达波束调度灵活的特点,可以在一秒内多次发射确认波束以确定回波来自目标或虚警,进行航迹起始处理,确认成功后转入跟踪处理。

在建立起跟踪后,根据跟踪精度的要求,按照一定的资源分配准则,维持空间目标的跟踪。根据被跟踪的目标数量和不同的跟踪状态,可灵活地调整供搜索和跟踪用的信号能量分配,控制波束指向和发射信号形式。雷达系统在完成目标跟踪初始化后,根据任

务的不同和目标类型的不同,选择不同的跟踪波形。跟踪波形的信号带宽与目标长度匹配,因此大多数空间目标跟踪波形的带宽是 5～50 MHz,信号形式采用线性调频,对应目标的长度范围为 3～30 m。对于粗跟踪任务,按照较低的数据率维持跟踪;对于精跟踪任务,按照较高的数据率进行跟踪,可用于速度测量、精确跟踪、轨道预报等。

空间目标监视雷达具有多种测速方法,采用两次或多次目标距离测量结果计算径向速度。若两次测量距离分别为 R_k 和 R_{k+1},且时间间隔为 Δt,则第 $k+1$ 次照射的径向速度为

$$\nu_k = \frac{R_{k+1} - R_k}{\Delta t} \tag{4-22}$$

根据多个距离测量结果计算目标径向速度可以节省雷达资源,不必发射测速波形,但测量误差较大,会大于脉冲多普勒测速方法。脉冲多普勒测速通过对目标的多次照射,用 FFT 技术测量目标多普勒频率,根据多普勒频率和速度间的转换关系,得到目标的径向速度信息。速度测量范围取决于脉冲重复频率,脉冲多普勒测速需要采用高重复频率脉冲串。若采用中重复频率脉冲串信号探测目标,会同时存在距离模糊和速度模糊问题,需要将模糊速度送数据处理,通过解模糊算法计算出目标速度,对于卫星目标,解模糊是非常难的事情。

例如,"铺路爪"雷达在测距和测速时通常采用不同的脉冲重复频率。通常,它使用脉冲重复周期为 13.5 ms 的脉冲来探测距离在 650～1300 km 之间的空间目标,这种情况下目标探测是无距离模糊的,脉冲重复频率约为 74 Hz。为了探测速度为 7.8 km/s 的空间目标,脉冲重复频率应大于无模糊速度对应的值,即

$$\text{PRF} > \frac{4 \cdot \nu}{\lambda} = \frac{4 \times 7800}{0.67} \text{ Hz} \approx 46.6 \text{ kHz} \tag{4-23}$$

对跟踪丢失目标进行补充搜索,以尽快发现丢失的目标,捕获成功则转入跟踪状态,否则,终止该目标航迹。

对于稳定跟踪的特定目标,可进行空间目标的分类、识别。根据所需提取的目标特征,采用相应的发射波形、发射波束、数据率和积累时间等雷达资源,例如,在跟踪稳定后,插入宽带跟踪方式,采用宽窄交替工作方式,完成空间目标的精细测量。

4.3.2　雷达跟踪作用距离

相控阵雷达跟踪距离方程的表达式为

$$R^4 = \frac{P_{av} A_r A_t \sigma}{4\pi \cdot \lambda^2 k T (S/N)_{n,o} L} \cdot n_s T_r = \frac{P_{av} A_r G_t \sigma}{(4\pi)^2 k T (S/N)_{n,o} L} \cdot t_{dw} \tag{4-24}$$

式中:P_{av} 为雷达平均功率;A_r 为雷达接收孔径面积;A_t 为发射天线孔径面积;G_t 为发射天线增益;σ 为目标雷达截面积;λ 为发射信号波长;k 为玻尔兹曼常数,$k = 1.38 \times 10^{-23}$ J/K;T 为雷达系统噪声温度;L 为雷达系统损耗;n_s 为天线波束在该波束位置照射的脉冲数量;t_{dw} 为波束驻留时间,$t_{dw} = n_s T_r$;T_r 为脉冲重复周期;$(S/N)_{n,o}$ 为 n_s 个脉冲经脉冲

压缩滤波器后的输出信噪比。

由式(4-24)可以看出,要提高雷达跟踪距离,可以增大发射机平均功率、目标照射积累时间。

4.3.3 跟踪目标容量的计算

在雷达视场内,同时存在的空间目标数量可达几百至上千个,从编目定轨的角度,这些目标不需要都进行跟踪,典型情况下对几十至上百个目标进行跟踪。跟踪目标容量受限于雷达时间资源和平均功率资源。

在跟踪加搜索工作状态下,要将雷达观察时间在搜索方式与跟踪方式之间进行分配,搜索时间和跟踪时间的分配示意图如图 4-5 所示[44]。图中,在跟踪时间 T_t 内,对所有目标进行一次跟踪采样;在搜索屏扫描间隔时间 T_{si} 内,对已跟踪的所有目标进行 N 次跟踪采样,对整个预定搜索空域进行一次搜索,搜索时间 $T_s = T_{s1} + T_{s2} + \cdots + T_{sN}$。

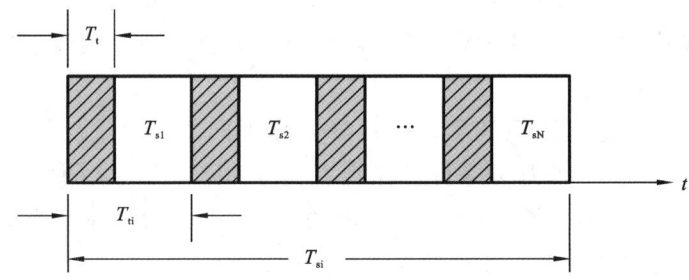

图 4-5　搜索时间和跟踪时间的分配示意图

当对所有被跟踪目标均采用同样的跟踪间隔时间 T_{ti} 和同样的跟踪波束驻留时间 $N_t T_r$ 时,这种跟踪状态可称为简单跟踪状态,其中,N_t 为波束驻留脉冲数,T_r 为脉冲重复周期。

对简单跟踪状态,单个目标的跟踪时间为 $N_t T_r$,对 n_t 个目标进行一次跟踪所要求的跟踪时间 T_t 为

$$T_t = n_t N_t T_r \tag{4-25}$$

由于搜索屏扫描间隔时间 T_{si} 远大于跟踪间隔时间 T_{ti},故在 T_{si} 内可对目标进行多次跟踪。因此,在 T_{si} 内的总的跟踪次数 M_T 为

$$M_T = T_{si} / T_{ti} \tag{4-26}$$

则在 T_{si} 内总的跟踪时间为

$$T_{tt} = T_t M_T = n_t N_t T_r T_{si} / T_{ti} \tag{4-27}$$

将式(4-27)代入式(4-15),可得

$$T_{si} = T_s + T_{tt} = T_s + n_t N_t T_r T_{si} / T_{ti} \tag{4-28}$$

对式(4-28)进行变换,可得跟踪目标数目 n_t 为

$$n_t = (T_{si} - T_s) \frac{T_{ti}}{T_{si}} \cdot \frac{1}{N_t T_r} \qquad (4\text{-}29)$$

可见,减少搜索时间 T_s,降低跟踪数据率,即增加跟踪间隔时间 T_{ti},或者降低跟踪波束驻留时间 $N_t T_r$,可增加跟踪目标数量。然而,这与空间目标监视需求是矛盾的。

在理想情况下,如果雷达的发射功率足够大,则采用单个脉冲进行探测,这样在距离上就不会产生模糊。令脉冲重复周期是无模糊距离的 1.5 倍,搜索时间和总跟踪时间各占据 50%,跟踪数据率为 1 Hz,那么跟踪目标容量与目标距离之间的关系如图 4-6 所示。

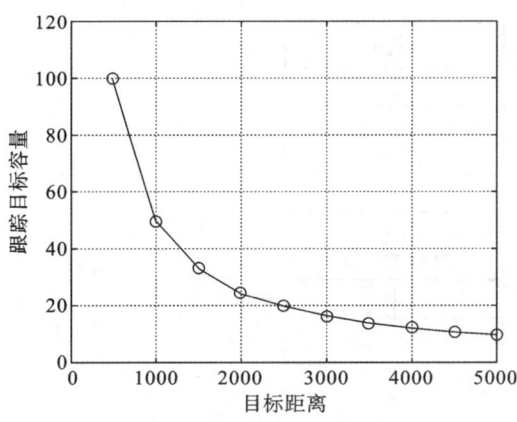

图 4-6　跟踪目标容量与目标距离之间的关系

4.3.4　跟踪数据率的选择

空间目标探测相控阵雷达的时间和能量资源有限,如果相控阵雷达对每个跟踪目标都采用高的跟踪数据率,那么显然是无法完成多功能和多目标跟踪的。在系统设计时,利用相控阵天线波束扫描的灵活性,可预先安排多种跟踪状态,对不同的目标和不同的跟踪状态分配不同的等级,选用不同的跟踪数据率。不同跟踪状态下跟踪数据率的差别如表 4-3 所示[41]。

表 4-3　不同跟踪状态下跟踪数据率的差别

跟 踪 状 态	跟踪数据率
跟踪确认	高数据率
目标机动	高数据率
稳定跟踪重点目标	高数据率
插入宽带测量、二维成像	高数据率
稳定跟踪一般目标	低数据率
维持跟踪	超低数据率

4.3.5 跟踪目标丢失的处理

由于目标回波信号的起伏、杂波和干扰的影响以及雷达系统资源调度等多个原因，在目标跟踪过程中可能造成目标丢失。跟踪目标丢失可能是暂时的，也可能是永久的，需要进行补充搜索以重新捕获目标。跟踪目标丢失补充搜索处理流程如图4-7所示。补充搜索往往采用多个波束组成梅花瓣，扩大波门宽度，增加二次截获的概率。

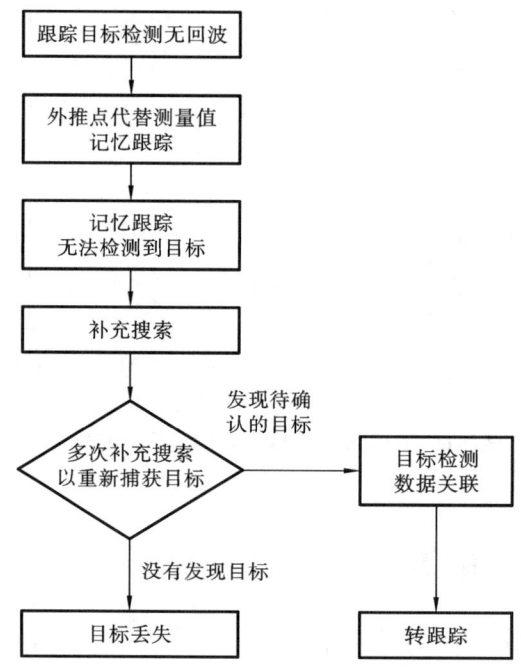

图 4-7 跟踪目标丢失补充搜索处理流程

4.3.6 宽带特征提取

目标的分类与识别主要基于其特征提取。通常，利用窄带和宽带波形跟踪空间目标，进而提取特征并采用适当的分类器进行分类和识别。窄带散射特性主要涉及目标运动和信号特征，宽带散射关注高分辨成像特征。

在跟踪和识别过程中，为确保足够的发射功率和高分辨率，脉冲信号通常具有较宽的脉冲宽度和带宽，其瞬时带宽范围从几兆赫兹到几百兆赫兹甚至更宽。当雷达发射宽带信号并经过脉冲压缩处理后，可以获得高分辨距离像（High Resolution Range Profile，HRRP）。

线性调频（Linear Frequency Modulated，LFM）信号（又称 chirp 信号）和步进频率信号（Stepped-Frequency Signal，SFS）是两种常见的大时宽带宽信号。对于线性调频信号,在进行脉冲压缩或一维距离成像处理时,通常采用的方法包括匹配滤波、解线频调以及全去斜率接收[46]等。

为获取精确的参考时延,雷达系统常采用宽、窄带分时工作方式对目标进行跟踪和成像。具体操作为:根据调度,在特定时刻发射窄带信号以追踪目标并获取时延,再发射宽带信号以获取目标图像。图 4-8 展示了这一过程。使用 LFM 信号追求高距离分辨率时,所需的宽带信号会增加系统成本和发射机负担。SFW 信号由一组载频均匀步进的窄带脉冲构成,通过频率步进合成宽带,再经 IFFT 处理实现高分辨。其窄带特性降低了接收机的带宽和 A/D 采样要求,更便于实际应用。

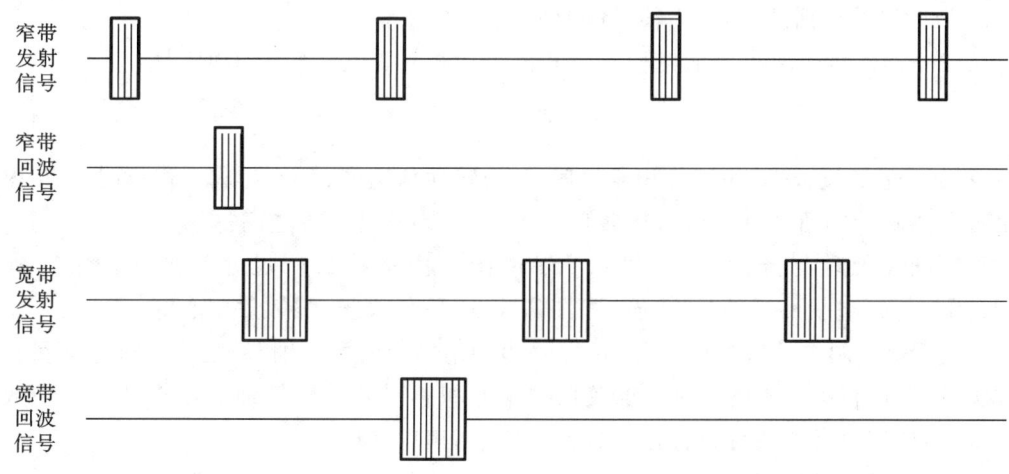

图 4-8　宽、窄带脉冲分时工作示意图

HRRP 描述了目标散射强度沿雷达视线方向的分布情况,能够反映目标精细的结构信息,可以用来进行分类识别,但它敏感于目标姿态角,可以直接利用 HRRP 波形特征,还可以提取目标径向长度和散射中心,获得目标散射中心数量、强度、位置等目标特征[47]。

逆合成孔径雷达(Inverse Synthetic Aperture Radar, ISAR)成像技术能够实现对空间非合作目标的成像,获取目标的二维高分辨图像。ISAR 成像与合成孔径雷达(Synthetic Aperture Radar, SAR)成像原理相似,均采用距离-多普勒成像原理。通过发射宽带信号和应用脉冲压缩技术,ISAR 能够在距离方向获得高分辨率;同时,依靠雷达与目标之间的相对运动,形成合成阵列,从而提高目标的横向分辨率。

当目标威胁等级较大,并且信噪比足够高时,雷达可对该目标进行 ISAR 成像。ISAR 成像的基本流程如图 4-9 所示。在成像前先进行运动补偿,运动补偿通常包括两部分:包络对齐和相位补偿。包络对齐使同一散射体的回波聚集在相同距离单元内,相位补偿消除平动引起的多普勒相位。经过运动补偿之后,下一步需要利用成像算法进行二维成像,主要包括转台成像和微动成像两大类算法。

ISAR 图像的距离方向分辨率取决于信号瞬时带宽

99

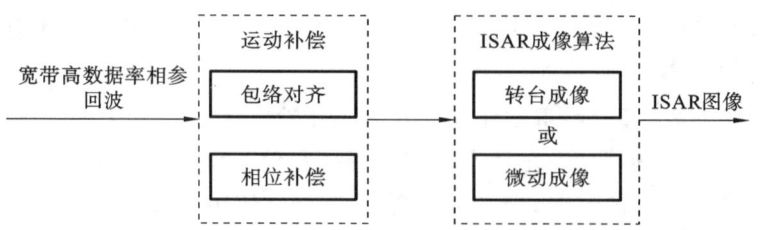

图 4-9　ISAR 成像的基本流程

$$\Delta R_r = \frac{c}{2B} \tag{4-30}$$

式中：c 为电磁波传播速率；B 为信号瞬时带宽。

横向距离分辨率取决于成像积累时间内目标相对雷达旋转的角度，即

$$\Delta R_{cr} = \frac{\lambda}{2\omega T} \tag{4-31}$$

式中：λ 为雷达的波长；T 为成像积累时间；ω 为转动角速度。ωT 为成像积累时间 T 内目标相对雷达旋转的角度，可见，目标转角越大，横向距离分辨率越高。

利用图像处理与分割算法，可从 ISAR 图像中估计目标尺寸和形状。常用到的 ISAR 图像特征包括目标的长度、宽度、图像面积、图像周长、强散射中心等。

通过 ISAR 图像，可以直观观察目标外形和结构上的微小细节，是比较可靠的目标识别方法，但在进行 ISAR 成像时要求较长的脉冲积累时间及较精细的运动补偿。在成像过程中，需要综合考虑各种目标运动特性，进行高精度补偿。

由于现代微小卫星的发展和应用，以及对低轨厘米级空间碎片进行编目的需求，雷达系统需要具备巨大的功率孔径积和非常高的成像分辨率。从 20 世纪 90 年代开始，美国已经对多个空间目标监视雷达进行了技术升级和改造，例如 ALTAIR 雷达、"丹麦眼镜蛇"雷达和 Haystack 雷达。这些升级改造实现了对空间碎片等微小目标以及同步轨道卫星等超远距离目标的超宽带成像观测。

以 Haystack 雷达为例，它可以通过积累 256 个脉冲，实现对 RCS 为 1 m^2、距离为 40000 km 的空间目标的探测。经过技术升级改造后，Haystack 雷达被命名为 Haystack 超带宽卫星成像雷达（Haystack Ultra-Wideband Satellite Imaging Radar，HUSIR）。HUSIR 雷达增加了 W 频段，使雷达能够同时工作在 X 频段（10 GHz 频率，1 GHz 带宽）和 W 频段（96 GHz 频率，8GHz 带宽）。这种雷达共用一个天线，可以同时采集 X 频段和 W 频段的目标特征数据，并在不同频段上进行成像测量，其成像分辨率小于 3 cm。

4.4　雷达资源的自适应调度

相控阵雷达的控制计算机负责管理搜索工作方式和跟踪工作方式，实现对空间目标的搜索、确认、跟踪、测速、识别等雷达任务的自适应调度。在完成对雷达的回波信息处

理、相关跟踪处理、航迹管理等一系列工作的基础上,综合在工作过程中不断接收的任务计划数据、指挥控制命令信息,进行资源调度与管理,形成雷达控制指令及跟踪和搜索波束,完成对指定空域的搜索和目标跟踪处理。

空间目标探测相控阵雷达在计算机的控制下,能够无惯性地快速改变波束指向和转换工作方式,完成目标搜索、跟踪、测速、识别、交接引导等多个任务,不同的任务、不同的功能消耗的雷达资源不同,空间目标探测相控阵雷达是基于时间分割原理进行工作的,同时又受制于发射占空比的限制,其时间资源和能量资源是有限的,应该合理调度雷达的时间和能量资源,使雷达达到最佳性能。

4.4.1　自适应调度的概念

所谓自适应调度算法是指在满足不同任务相对优先级的情况下,在雷达设计条件范围内,通过实时地平衡各种雷达波束请求所要求的时间、能量和计算机资源,为一个调度间隔选择一个最佳雷达事件序列的一种调度方法。它满足以下几条自适应准则。

(1)与动态的雷达环境相适应。

(2)与规定的不同任务的相对优先级相适应。

(3)时间、能量和计算机资源得到尽可能充分的利用。

(4)在雷达设计条件的约束范围内。

(5)波束请求安排在时间上尽可能均匀,以免出现峰值资源要求。

把满足以上五个条件调度的雷达事件序列称为最佳雷达事件序列,因为在满足系统作战要求的条件下,它所对应的调度效率最高。

自适应调度软件能够实时统计和估算系统资源使用情况,据此自主或人工调整目标跟踪数量、特征提取方法、任务优先级、目标跟踪数据率等工作参数,实现多任务动态管理。

自适应算法的功能设计流程如图 4-10 所示,它根据雷达事件优先级及约束条件将各种波束请求依次填入调度间隔模板,建立待执行的雷达事件队列[48][49]。自适应算法以串联的形式表示单个约束滤波器,并且引入一个公用的拒绝队列。在每个调度间隔开始

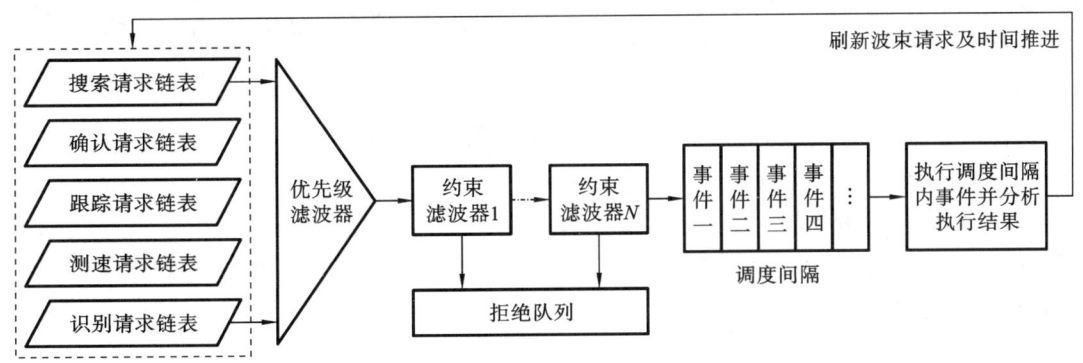

图 4-10　自适应算法的功能设计流程

时,应该重新检查拒绝队列中的备选事件,因为有些即将达到截止期的波束请求一般代表高优先级的波束请求。

当设计师面临多用途和多功能雷达应用时,自适应算法是最灵活和最有效的设计方法。自适应算法的优点:具有与动态环境相适应的能力,雷达资源得到非常高效的使用,对雷达硬件设计变化不敏感。其缺点是设计较为复杂。

4.4.2 影响自适应调度策略的主要因素

调度策略需要考虑任务的重要性、时间的紧迫性、任务的耦联性、资源占用度等问题。具体地说,调度策略的设计主要受以下几个因素的影响。

1. 雷达任务的相对优先级

相控阵雷达基于时间分割原理,按照任务优先级顺序执行各种任务。在多目标威胁环境中,雷达调度程序总是面临多种请求,并且这些请求可能竞争同一时间槽。但是,由于受到雷达资源和设计条件的约束,这些请求不可能同时都得到满足。因此,必须规定各种任务的相对优先级。雷达任务的相对优先级主要取决于相应目标(或空域)的相对重要性和时间紧迫程度,并且与系统设计师的经验和主观判断有关。

一种典型的空间目标探测相控阵雷达任务优先级如表 4-4 所示[41]。

表 4-4 一种典型的空间目标探测相控阵雷达任务优先级

雷达任务	优先级	用途说明
紧急请求	1	保留最高优先级,用作紧急请求调度
引导搜索	2	警戒区域搜索、重要目标的引导搜索
搜索转跟踪	3	目标确认
跟踪	4	目标跟踪、测速
自主搜索	5	任务计划目标的搜索
目标分类、识别	6	带宽、识别
跟踪目标丢失补充搜索	7	设置丢失再捕获的搜索屏
系统校准	8	电磁传播损耗和折射引起的测量误差的校准
故障诊断	9	最低优先级,用于例行维护

当然,要根据任务执行过程中环境条件的动态变化实时调整优先级顺序,或者人工干预实现能量资源的动态分配,使雷达发挥最大的效能。

对于不同型号的雷达,优先级顺序是有区别的,并且雷达任务优先级的相对性不仅指在正常条件下任务的相对重要性,也指在非正常条件下相对重要性的可变性。

2. 调度间隔

定义调度间隔为系统控制程序调用调度程序的时间间隔。仅当调度程序被调用时,调度程序才对调度间隔内即将发生的雷达事件做出安排。一般选择调度间隔为 0.1~

2 s。

　　调度间隔选择得过长，就无法实现系统对某些任务的调度要求；调度间隔选择得过短，会增加计算机的开销。因此，调度间隔的选取需要折中考虑，一般要考虑最高跟踪数据率、任务执行速度等。

3. 约束条件

　　调度策略的设计必然受到雷达资源和设计条件的影响。常见的约束条件有时间资源约束、能量资源约束、雷达设计条件约束等。

　　（1）时间资源约束。任何一个雷达事件的发生从波束定位到事件完成，都要求雷达有相应的波束驻留时间，而调度间隔时间一旦选定之后，在一个调度间隔内可能安排的雷达事件数也是有限的。

　　（2）能量资源约束。任何一个雷达事件的发生都要求雷达发射机发射一个或多个形状不同的脉冲，即消耗一定数量的能量。雷达发射机功率有限，这对雷达跟踪能力构成限制，所以在一个调度间隔内，雷达事件的累计脉冲持续时间所占调度间隔的比例，即平均占空比，不能超过发射机的占空比限制，以保证雷达发射机不过载。

　　（3）雷达设计条件约束。指某些硬件设计所造成的限制，如移相器、计算机等。在每一个雷达事件结束之后，雷达回波要经信号处理机送到信息处理与控制计算机进行数据处理和资源调度，因而要占用相应的计算机处理与存储资源，计算机资源约束一般表示为在单位时间内允许的最大跟踪波束数量。

4.5　相控阵雷达空间目标检测与跟踪

　　本节聚焦于相控阵雷达在空间目标检测与跟踪中的核心技术。本节将深入剖析信号处理流程，以及如何实现高效、精准的目标跟踪，为深入理解相控阵雷达在复杂空间环境中的应用提供关键知识支撑。

4.5.1　信号处理

　　随着大规模集成电路、高速并行处理及先进算法的快速发展，相控阵雷达信号处理特点得到充分发挥，性能不断提高。为满足多功能和高性能要求，空间目标监视雷达采用数字波束形成、大时宽带宽信号脉冲压缩、脉冲多普勒、信号检测、抗干扰处理、雷达成像等先进技术，涵盖面广，算法复杂。

　　雷达信号处理功能框图如图 4-11 所示。图中，信号处理分系统主要包括窄带处理通道和宽带处理通道两部分。窄带处理时，接收数字阵列处理分系统送来的和、方位差、俯仰差、匿影等通道多路窄带数据，主要完成抗窄脉冲干扰、脉冲压缩、目标检测、目标提取等功能，将目标点迹数据送数据处理分系统。宽带处理时，接收宽带接收分系统送来的

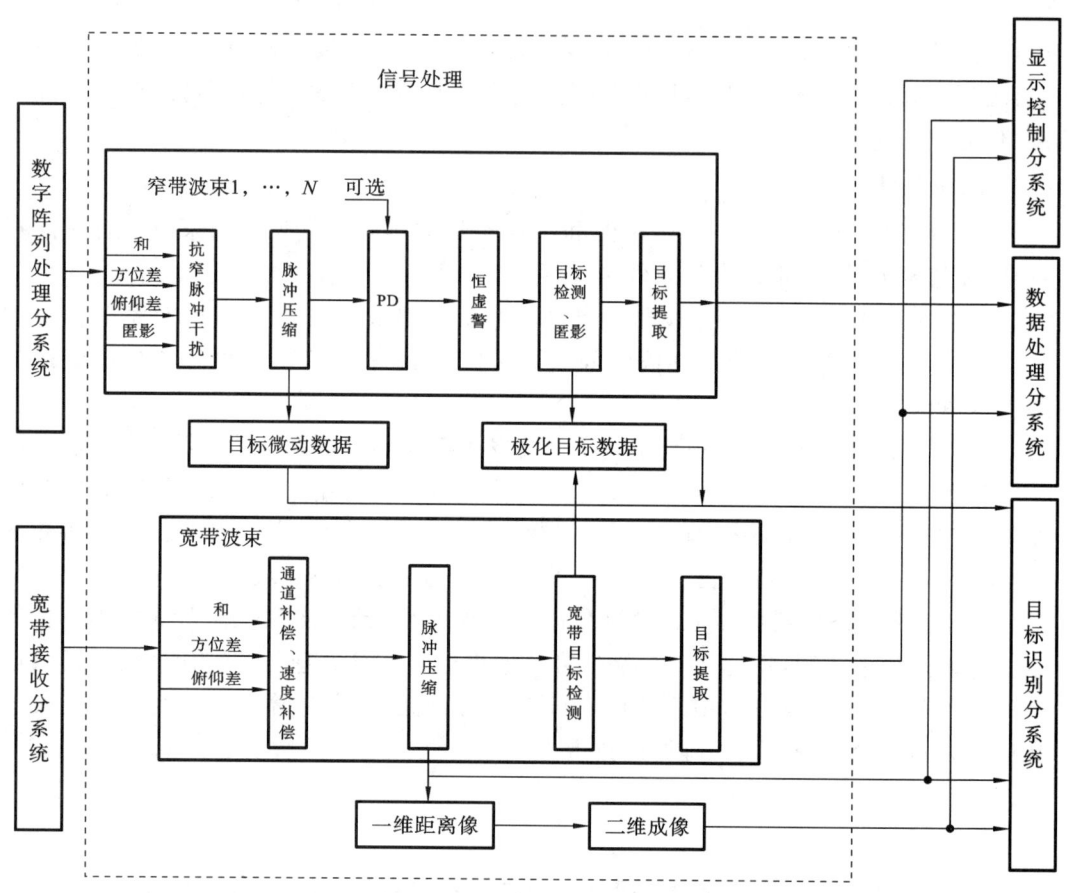

图 4-11 雷达信号处理功能框图

和、方位差、俯仰差等通道多路宽带数据,主要完成通道补偿、速度补偿、脉冲压缩、宽带目标检测、目标提取等功能,将目标点迹数据送数据处理分系统。信号处理分系统还对所关注的目标提取目标微动数据、极化目标数据、一维距离像、二维成像等目标特征数据送目标识别分系统和显示控制分系统。

现代雷达信号处理多采用中频采样、数字脉压、匹配滤波以期望得到最佳的信噪比。空间目标的探测多采用线性调频信号波形,由于空间目标高速运动,回波信号多普勒频移与目标距离之间存在耦合误差,即测得的目标距离会偏移目标真实距离,偏移值与目标径向速度成正比,这称为距离-多普勒耦合效应。在滤波匹配、距离门宽度确定、信号带宽选择时必须考虑耦合误差,为了提高测距精度,需要利用精确的速度信息进行修正。但雷达在搜索发现目标和确认检测目标期间,还不知道目标的飞行方向和飞行速度,所以无法给出目标运动的预测值,此时可以采用特定的信号波形,先从频域检测目标,预估目标速度,进行速度补偿,再进行角度、距离的定位;也可以发射正负调制的两个线性调频信号,联合进行空间目标速度、位置测量。

4.5.2　目标跟踪

对空间目标距离、角度和速度的高精度测量均由跟踪过程完成。为了实现这一系列功能,在跟踪过程中,跟踪波形选择、数据关联、跟踪滤波器选择、插入宽带跟踪方式精细测量是空间目标跟踪重点研究的内容[41]。

空间目标探测相控阵雷达目标跟踪框图如图 4-12 所示。

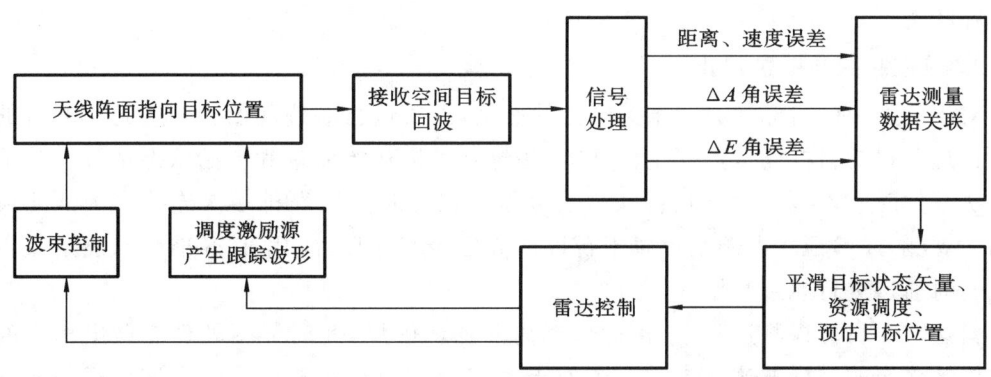

图 4-12　空间目标探测相控阵雷达目标跟踪框图

雷达数据处理在自适应资源调度下,预估目标的跟踪位置,按时间节拍通过雷达控制系统将目标预测波束控制命令发送到波控系统,波控系统完成天线波束指向的控制。按照相应的时间节拍,雷达控制系统选择合适的跟踪波形控制命令,由激励源产生跟踪波形,通过前级放大、馈线网络的功率分配、末级功率放大、空间功率合成,形成所需要的辐射功率。接收机接收空间目标回波,经过信号处理完成目标位置提取,与已跟踪目标进行关联处理,完成目标状态矢量的更新,再根据资源调度准则,预估下一次跟踪目标的位置。按照上面的控制流程,维持目标的跟踪测量。

多目标跟踪就是根据雷达获得的一系列包含目标、噪声、杂波和干扰的测量数据对多个运动目标的状态进行实时预测和估计,包括估计目标航迹和速度、检测目标机动、预测目标位置[51][52]。多目标跟踪处理流程如图 4-13 所示,主要包括点迹预处理、航迹起始与航迹终止、点迹航迹关联、跟踪滤波等步骤。

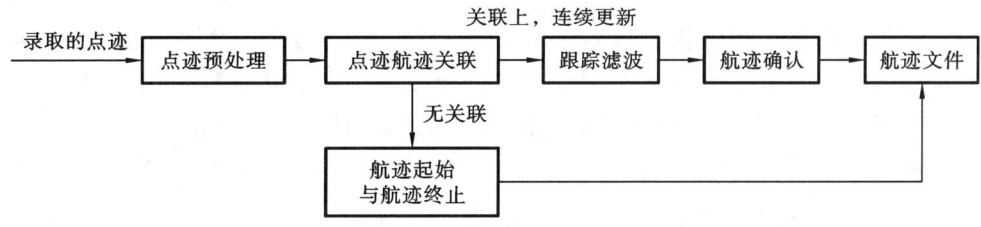

图 4-13　多目标跟踪处理流程

1. 点迹预处理

点迹预处理是雷达数据处理的前提条件,有效的预处理方法可以在降低目标跟踪计算量的同时提高目标的跟踪精度。预处理主要包括系统误差修正、时空对准、距离速度解模糊、点迹凝聚、坐标转换、野值剔除、误差协方差矩阵转换等。

在跟踪初始化过程中,利用距离和单脉冲测角可以快速建立起跟踪目标的状态矢量和协方差矩阵。当然,空间目标的状态向量和协方差矩阵一般采用笛卡尔坐标系,因此雷达的测量值要进行坐标变换。一般初始目标状态向量和协方差矩阵完成建立后即转入跟踪状态。

2. 航迹起始与航迹终止

对于新发现的目标回波和未关联上的点迹,需要进行航迹起始。航迹起始的目的是判断雷达获得的目标测量数据是否真实,并建立目标初始航迹和初始状态估计。为了缩短航迹起始时间,当获得新的点迹时,通常需要在短时间内安排多次连续的确认波束进行雷达观测,以验证新点迹是否属于新目标或虚警。随后,应用 k/m 准则来决定是否将一个暂时航迹进行航迹起始。

雷达在对目标探测过程中,目标可能离开探测区域,此时数据处理需做出相应的决策以终结多余的目标航迹。当对一个处于跟踪状态的目标不再关心或该目标的航迹质量变差时,可以通过人工干预或自动的方式结束该条航迹,实现航迹终止。

3. 点迹航迹关联

通常情况下存在多个目标,各个目标都有自己的航迹,新点迹通过相关波门与各自的航迹建立关联。点迹航迹关联的目的是建立测量数据和目标航迹的匹配关系,以获得正确的点迹航迹配对关系。关联上的点迹用来更新航迹信息,并形成对目标下一位置的预测波门。

空间多目标数据关联是空间目标探测跟踪系统的核心问题之一。在复杂环境条件下,一个探测跟踪门内可能有多个观测回波,这时就需要将多目标航迹数据和观测回波进行关联,关联的结果直接影响多目标跟踪的性能。当只有单一点迹落入某个目标的相关波门内时,相关过程比较简单。当存在多目标和虚假点迹时,关联比较困难,可能出现多于一个点迹落入相关波门内,或是单个点迹落入多个相关波门的交集内,这时就需要运用关联算法建立的逻辑进行反复判断,才能完成相关过程。

在密集空间目标、复杂目标群、丢失检测、高虚警概率等条件下,关联算法面临巨大的挑战。关联算法的选择取决于目标及环境、数据率、跟踪精度以及测量精度等因素,实现算法非常多[52][53],数据关联算法主要有最近邻数据关联算法、概率数据关联算法、联合概率数据关联算法、最近邻联合概率数据关联算法、多假设跟踪算法。

(1)最近邻数据关联(Nearest Neighbor Data Association,NNDA)算法。最近邻数据关联算法在 1971 年由 Singer 提出[54],该算法利用统计意义下与被跟踪目标预测状态最近的测量值作为目标测量值,即选择离目标预测位置最近的回波对目标航迹进行更新。

在无干扰环境,且要求高检测概率和低虚警概率的条件下,最近邻数据关联算法应用最广。最近邻数据关联算法计算量小、实现简单,适用于不太密集的多目标环境,但是在密集多目标环境中,因为离目标预测位置最近的点迹并不一定是目标的真实点迹,容易出现误跟(目标混批)和丢失。

(2)概率数据关联(Probabilistic Data Association,PDA)算法。PDA 算法在 1975 年由 Bar-Shalom 提出[55],与最近邻数据关联算法不同,PDA 算法全面考虑跟踪波门内的所有候选点迹,并根据不同相关情况计算出以概率表示的加权系数,用所有候选点迹的加权和表示等效点迹,然后用等效点迹更新目标航迹。PDA 算法的最大优点在于较易实现,适用于杂波环境下的单目标关联。在多目标交叉场景下,由于目标间的相互影响,PDA 算法难以处理多目标跟踪问题。

(3)联合概率数据关联(Joint Probabilistic Data Association,JPDA)算法。JPDA 算法考虑了多目标关联问题[56],其基本思想是:引入确认矩阵的概念描述测量值与不同目标互联的情况,按照一定的原则对确认矩阵进行拆分,得到互联矩阵,进而确定可行互联事件并计算其概率,利用概率加权对目标状态进行更新。JPDA 算法适用于杂波环境下多目标关联,但在跟踪相互靠近的多目标时,跟踪性能较差且计算复杂度较高。

联合概率数据关联算法通过搜索所有可能的关联解来计算关联概率,其计算量随着目标回波数的增加呈指数级增加。在密集目标环境中,该算法计算量巨大,在工程中很难应用。

(4)最近邻联合概率数据关联算法。美国 Raytheon 公司的 R. Fitzgerald 提出的最近邻联合概率数据关联算法[57]既具备最近邻数据关联算法的优势,又大大减小了联合概率数据关联算法的计算复杂度,在工程上应用较多。

考虑到未来电磁环境、空间密集目标的相关性、计算复杂度、相关实时性,最近邻联合概率数据关联算法接近多假设跟踪算法的性能,具有较大的应用潜力。

(5)多假设跟踪(Multiple Hypotheses Tracking,MHT)算法。MHT 算法在 1978 年由 Reid 首先提出[58],是一种在数据关联发生冲突时,形成多种假设以延迟做决定的逻辑算法。与 PDA 算法合并多种假设的做法不同,MHT 算法把多个假设继续传递,让后续的观测数据解决这种不确定性。MHT 算法采用所有观测的回波与所有跟踪航迹关联,计算量巨大,因此,算法设计的难题在于如何控制其计算量。

4. 跟踪滤波

通常情况下,笛卡尔坐标系适合描述空间目标运动,易于目标分离,但目标是在雷达站极坐标系下测量的,坐标变换会导致数据非线性,因此空间目标跟踪常采用变测量值或扩展卡尔曼滤波的方法。跟踪滤波系统通过雷达测量值动态估计目标状态,包括状态方程、测量方程、先验知识和滤波算法。目标动力学模型是对其运动规律的假设,对跟踪精度有重要影响[59],其复杂度可根据需求调整。根据牛顿定律,不考虑质量因子时,卫星动力学模型可简化为[60]

$$a = \ddot{r} = F_0 + F_\varepsilon \qquad (4-32)$$

式中：a 为目标的加速度；F_0 为地球中心引力；F_ε 为摄动力，通常包括地球非球形引力摄动、日月引力摄动、大气阻力摄动、光压摄动、潮汐摄动等[60]。

基于空间目标动力学模型，其状态方程可描述为

$$x_{n+1} = f_n(x_n, u_n) \tag{4-33}$$

式中：x_n 是状态向量，通常指目标的真实坐标，包括位置、速度、加速度，在实际中随着雷达信息获取能力和数据处理技术提高，常根据目标的特征（如姿态、回波幅度、图像信息等特征）选择状态向量，辅助进行跟踪，状态空间及其维数的选择对目标运动的描述至关重要；f_n 是非线性状态转移函数；u_n 是模型噪声，不一定是高斯分布或是白噪声。

测量方程描述状态向量与测量值（如雷达测得的目标距离、角度或速度）间的函数关系。坐标系的选择影响测量方程的非线性度。相控阵雷达常用极坐标系测量距离、方位和俯仰角，跟踪系统多用笛卡尔坐标系估算目标位置，因其更便于区分和描述目标状态。测量方程通常可表示为

$$z_n = h_n(x_n, w_n) \tag{4-34}$$

式中：x_n 是状态向量；z_n 是测量向量；h_n 是测量函数；w_n 是测量噪声，与 x_n 条件独立。

先验知识（或称为初始分布）是零时刻雷达获取的关于目标状态 x_0 的信息，如状态向量的估计及其不确定性的度量，通常可用 x_0 的先验概率密度函数描述。

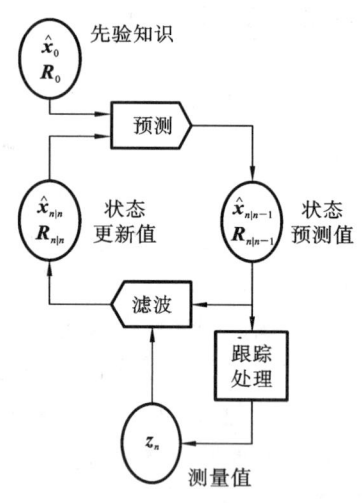

图 4-14　贝叶斯迭代滤波器

为了实现目标跟踪的连续执行，跟踪滤波常采用贝叶斯滤波算法。贝叶斯迭代滤波器如图 4-14 所示，该算法包括预测和滤波两个阶段。预测阶段基于过去数据和状态方程预测目标当前状态；滤波阶段利用当前测量值修正预测状态[41]。这两个阶段的连续执行有助于实现目标的稳定跟踪。然而，贝叶斯迭代滤波器在实际应用中难以解析处理，因此常采用卡尔曼滤波、扩展卡尔曼滤波、粒子滤波等算法进行简化。对于机动目标跟踪，可采用交互式多模型（Interactive Multiple Models，IMM）方法，该方法结合多种运动模型（如匀速、匀加速和 Singer 机动模型等）对目标进行跟踪，各模型间的转移由马尔科夫概率转移矩阵确定。每个运动模型对应不同的跟踪滤波器，各滤波器的输出经加权处理后得到最终的目标跟踪滤波值。

4.6　仿真应用

本节利用 STK 软件对空间目标探测相控阵雷达进行仿真建模，并添加到第 3 章建立的仿真场景中，分析雷达对场景中"S3"卫星的探测性能。

4.6.1　仿真用例

雷达仿真参数如表 4-5 所示。

表 4-5　雷达仿真参数

名　　称	数　　值
仿真时段	
起始时间	1 Sep 2022 04:00:00.000 UTCG
结束时间	2 Sep 2022 04:00:00.000 UTCG
站址坐标	
经度	117°
纬度	35°
高度	0 km
跟踪空域	
方位起始	60°
方位结束	180°
俯仰起始	10°
俯仰结束	80°
最大距离	5000 km
波束宽度	1°
搜索屏	
方位起始	60°
方位结束	180°
俯仰角	25°
最小距离	200 km
最大距离	3000 km
波位数	120 个
扫描间隔时间	10 s
波束宽度	2°

本节生成的雷达仿真探测数据将作为第 5 章空间目标轨道确定的数据源。

4.6.2　仿真操作

（1）双击打开上一章创建的 STK 场景"Example.sc"。

（2）在"Object Browser"中双击"Example"图标，在右侧的属性列表框中选择"Basic"

"Time"，修改场景结束时间"Stop"为"2 Sep 2022 04：00：00.000 UTCG"，即设置雷达仿真观测时长为1天，点击"OK"按钮，如图4-15所示。

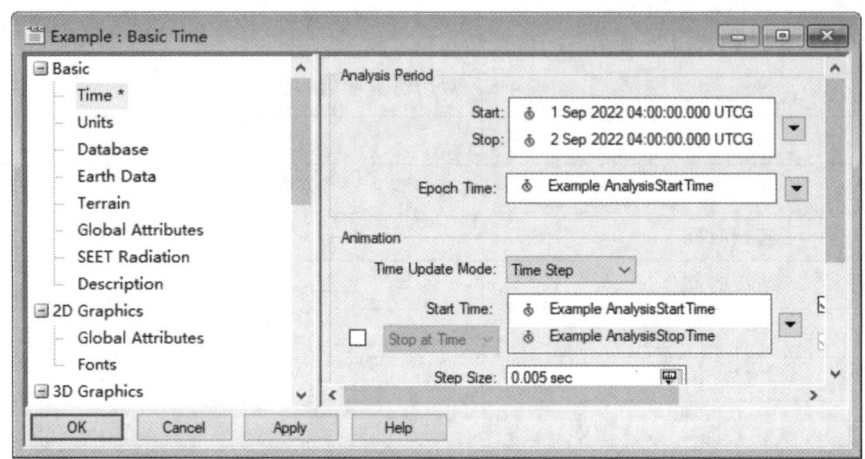

图 4-15　修改仿真场景结束时间

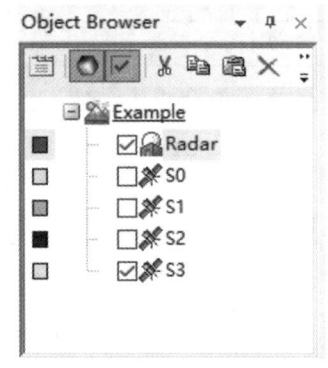

图 4-16　添加雷达站点

（3）在"Object Browser"栏中，关闭"S0""S1""S2"，只显示"S3"卫星。

（4）先选中"Object Browser"栏中场景"Example"，再点击工具栏上"Insert Default Object"按钮旁边的下拉菜单，选择"Facility"，点击"Insert"按钮，向场景添加一个设施（雷达站），重命名为"Radar"，如图4-16所示。

（5）在"Object Browser"中双击"Radar"对象，右侧属性列表框中选择"Basic""Position"，按照表4-6修改Latitude（纬度）、Longitude（经度）和Altitude（高度）参数，修改结果如图4-17所示，点击"OK"按钮回到三维窗口，观察雷达在地球上的位置。

表 4-6　雷达站址设置

名　　称	意　　义	设 置 参 数
Latitude	站址纬度	35 deg
Longitude	站址经度	117 deg
Altitude	站址高度	0 km

（6）用鼠标选中"Object Browser"中的"Radar"对象，然后在其下面添加"Sensor"传感器对象，重命名为"SearchScreen"，用来模拟雷达搜索屏，如图4-18所示。

（7）在"Object Browser"中双击"SearchScreen"对象，在属性列表框中选择"Basic""Definition"，按照表4-7修改搜索屏的形状参数，修改结果如图4-19所示，点击"Apply"按钮生效。

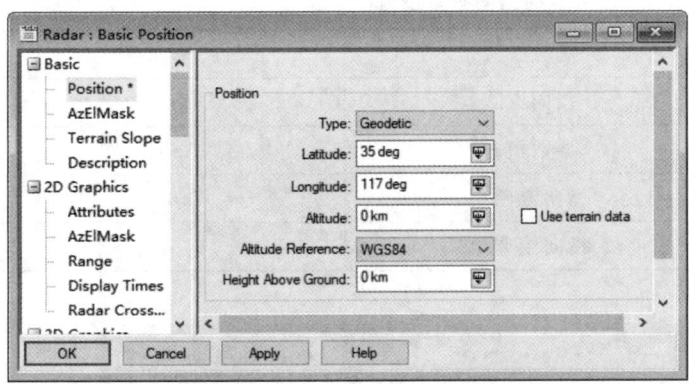

图 4-17　雷达站址设置界面

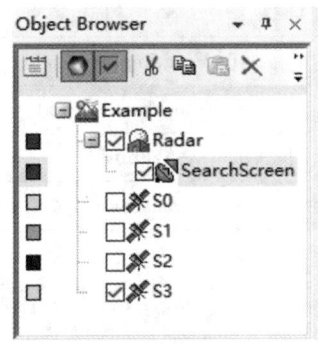

图 4-18　添加雷达搜索屏

表 4-7　搜索屏的形状参数设置

名　　称	意　　义	设 置 参 数
Sensor Type	传感器类型	Complex Conic
Half Angles-Inner	搜索屏下沿的俯仰角	64 deg
Half Angles-Outer	搜索屏上沿的俯仰角	66 deg
Clock Angles-Minimum	搜索屏起始方位角	60 deg
Clock Angles-Maximum	搜索屏结束方位角	180 deg

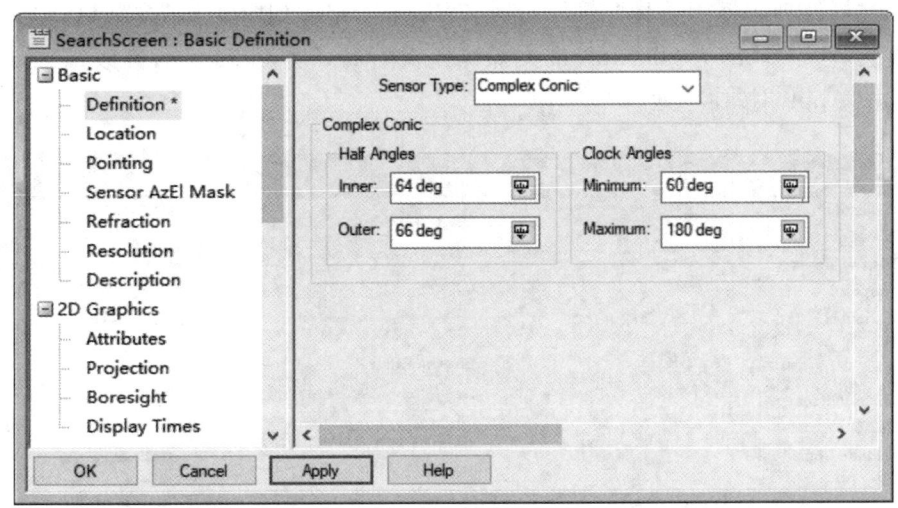

图 4-19　搜索屏形状参数设置界面

（8）在属性列表框中选择"Basic""Pointing"，按照表 4-8 修改搜索屏的指向参数，修改结果如图 4-20 所示，点击"Apply"按钮生效。

表 4-8　搜索屏的指向参数设置

名　称	意　义	设 置 参 数
Pointing Type	指向方式	Fixed
Orientation Method	参数模式	Az-El
Azimuth	指向方位角	0 deg
Elevation	指向俯仰角	90 deg

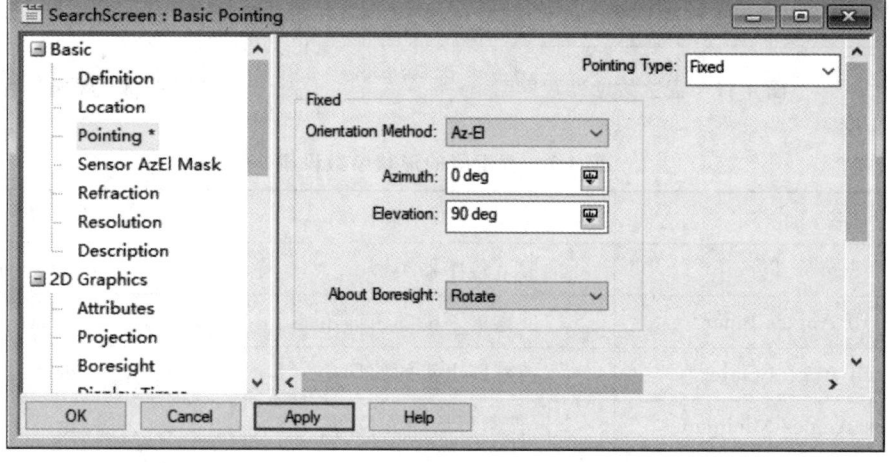

图 4-20　搜索屏的指向参数设置界面

（9）在属性列表框中选择"Constraints""Basic"，定位到"Range"参数区，设置搜索屏的最小探测距离"Min"为 200 km，最大探测距离"Max"为 3000 km，修改结果如图 4-21 所示，点击"Apply"按钮生效。

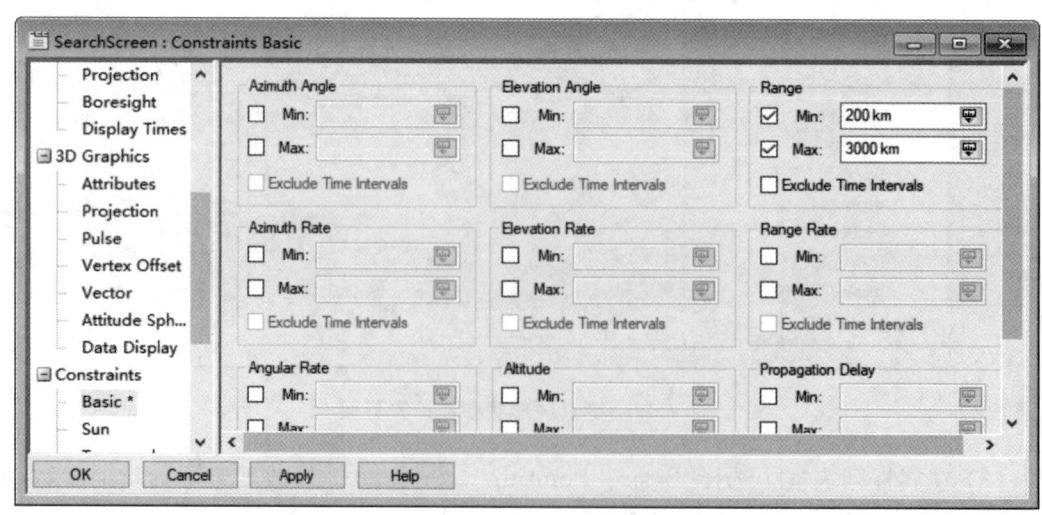

图 4-21　搜索屏的最小和最大探测距离设置

（10）在属性列表框中选择"2D Graphics""Attributes"，设置"Color"属性为白色，点击"Apply"按钮生效。

（11）在属性列表框中选择"3D Graphics""Attributes"，设置"Projection""Translucency"属性值为80（透明度 80％），点击"Apply"按钮生效。

（12）在"Radar"对象下继续添加一个"Sensor"，命名为"SearchBeam"，用来模拟雷达搜索波束，如图4-22 所示。

（13）在"Object Browser"中双击"SearchBeam"对象，在属性列表框中选择"Basic""Definition"，按照表

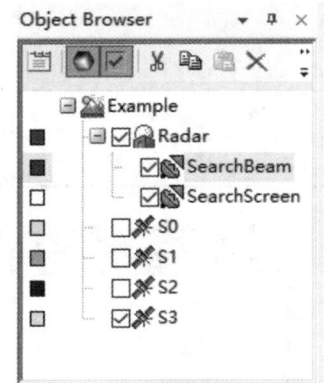

图 4-22　添加雷达搜索波束

4-9 修改搜索波束的形状参数，修改结果如图 4-23 所示，点击"Apply"按钮生效。

表 4-9　搜索波束的形状参数设置

名　称	意　义	设置参数
Sensor Type	传感器类型	Simple Conic
Simple Conic-Cone Half Angle	搜索笔形波束宽度的一半	1 deg

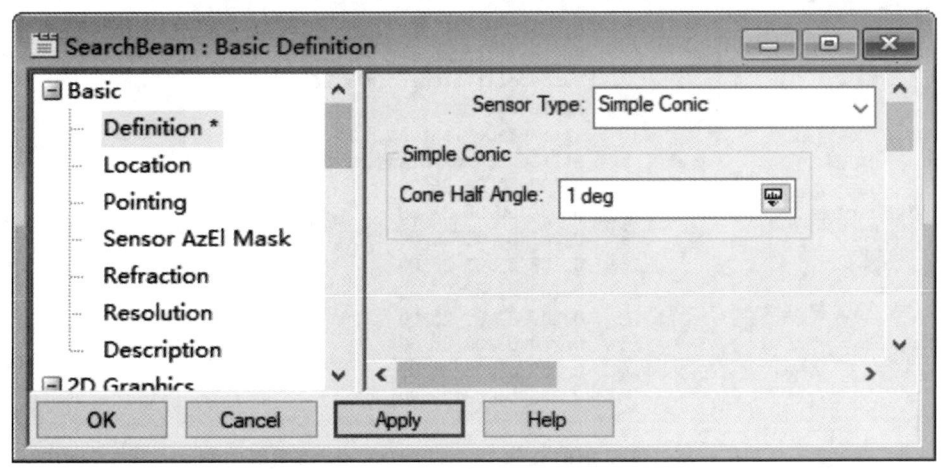

图 4-23　搜索波束的形状参数设置界面

（14）在属性列表框中选择"2D Graphics""Attributes"，设置"Color"属性为黄色，点击"Apply"按钮生效。

（15）在属性列表框中选择"Constraints""Basic"，定位到"Range"参数区，同样设置搜索波束的最小和最大探测距离分别为 200 km 和 3000 km，点击"Apply"按钮生效。

（16）在属性列表框中选择"Basic""Pointing"，按照表 4-10 修改搜索波束的指向参数，修改结果如图 4-24 所示，点击"Apply"按钮生效。

表 4-10　搜索波束的指向参数设置

名　　称	意　　义	设 置 参 数
Pointing Type	指向方式	External
External Pointing-File	外部搜索波束扫描文件	SearchBeam. sp

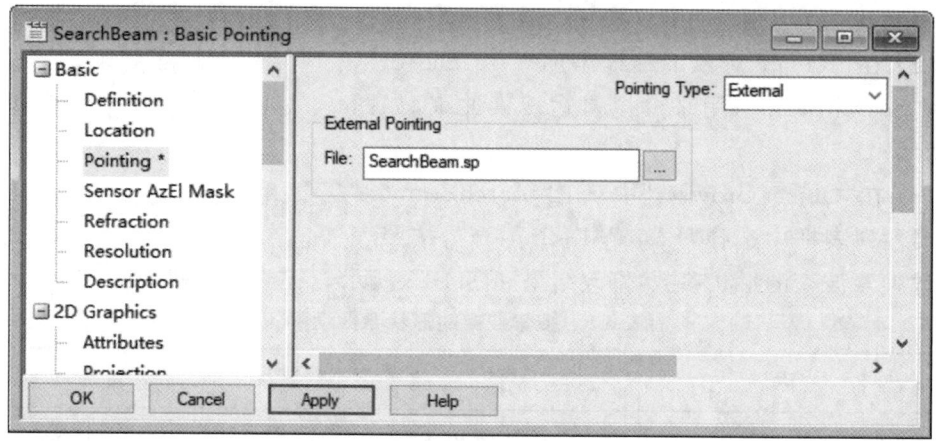

图 4-24　搜索波束的指向参数设置界面

波束指向文件"SearchBeam. sp"的局部内容如图 4-25 所示,格式如表 4-11 所示。

```
1   stk. v. 6. 0
2   Begin Attitude
3   NumberofAttitudePoints 241
4   RepeatPattern
5   AttitudeDeviations Rapid
6   AttitudeTimeAzElAngles
7   0.000 60.00 25.00
8   0.082 60.00 25.00
9   0.083 61.01 25.00
10  0.166 61.01 25.00
11  0.167 62.02 25.00
12  0.249 62.02 25.00
13  0.250 63.03 25.00
14  0.332 63.03 25.00
15  0.333 64.03 25.00
```

图 4-25　波束指向文件"SearchBeam. sp"的局部内容

表 4-11　波束指向文件"SearchBeam. sp"的格式

行号	内　　容	意　　义
1	stk. v. 6. 0	STK 软件的版本,文件适用于高于该版本(含)的 STK 软件
2	Begin Attitude	波位信息开始标记
3	NumberofAttitudePoints 241	波束指向点数(模拟波位驻留)=波位数 * 2+1
4	RepeatPattern	表示波位重复扫描

续表

行号	内　　容	意　　义
5	AttitudeDeviations Rapid	非必要参数,但更有利于 STK 精确计算穿屏时间
6	AttitudeTimeAzElAngles	指示下面内容为波束指向点列表,共 241 行
7	0.000 60.00 25.00	第 1 个波位驻留的起始信息,按(时刻,方位角,俯仰角)排列
8	0.082 60.00 25.00	第 1 个波位驻留的结束信息,按(时刻,方位角,俯仰角)排列
9	0.083 61.01 25.00	第 2 个波位驻留的起始信息,按(时刻,方位角,俯仰角)排列
10	0.166 61.01 25.00	第 2 个波位驻留的结束信息,按(时刻,方位角,俯仰角)排列
⋮	⋮	⋮
245	9.917 180.00 25.00	第 120 个波位驻留的起始信息,按(时刻,方位角,俯仰角)排列
246	9.999 180.00 25.00	第 120 个波位驻留的结束信息,按(时刻,方位角,俯仰角)排列
247	10.000 60.00 25.00	多一个波束指向点,使得扫描首尾相接
248	End Attitude	波位信息结束标记

(17) 鼠标右键点击"SearchBeam"对象,在弹出菜单中选择"Access…"选项,出现搜索波束与目标可见性计算窗口,选中左边卫星列表中的"S3",再点击上方的"Compute"按钮,计算雷达搜索波束与"S3"的可见性,如图 4-26 所示,点击"Close"按钮。

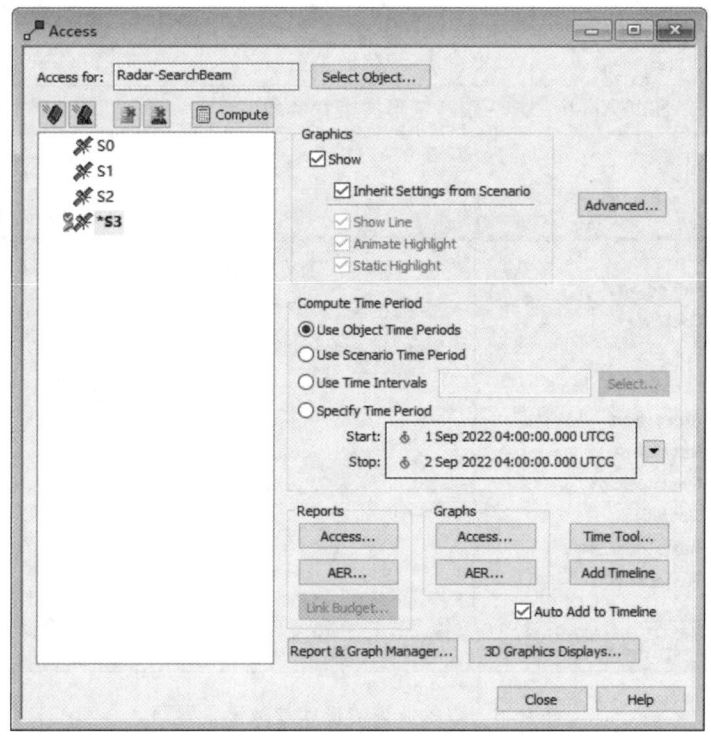

图 4-26　搜索波束与目标可见性计算窗口

（18）在"Radar"对象下继续添加一个"Sensor"，命名为"TrackBeam"，用来模拟雷达跟踪波束，如图 4-27 所示。

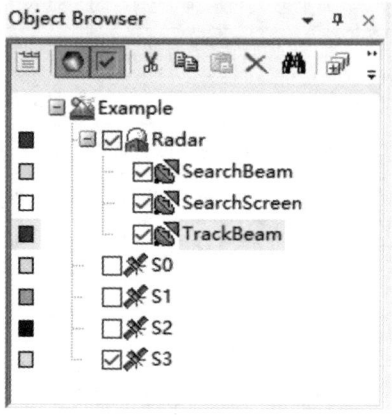

图 4-27　添加雷达跟踪波束

（19）在"Object Browser"中双击"TrackBeam"对象，在属性列表框中选择"Basic" "Definition"，按照表 4-12 修改跟踪波束的形状参数，修改结果如图 4-28 所示，点击"Apply"按钮生效。

表 4-12　跟踪波束的形状参数设置

名　　称	意　　义	设 置 参 数
Sensor Type	传感器类型	Simple Conic
Simple Conic-Cone Half Angle	跟踪笔形波束宽度的一半	0.5 deg

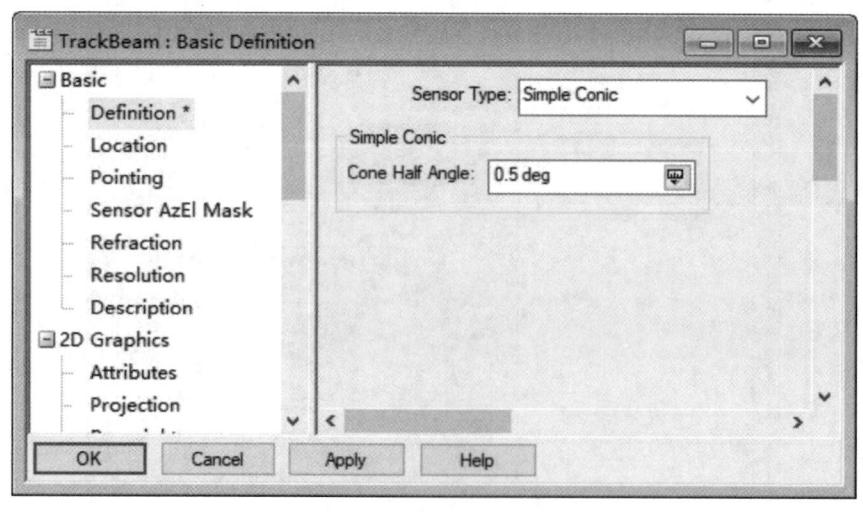

图 4-28　跟踪波束的形状参数设置界面

（20）在属性列表框中选择"Constraints""Basic"，设置跟踪波束的探测范围为 $200\sim$ 5000 km，方位探测范围为 $60°\sim180°$，俯仰探测范围为 $10°\sim80°$，如图 4-29 所示，点击"Apply"按钮生效。

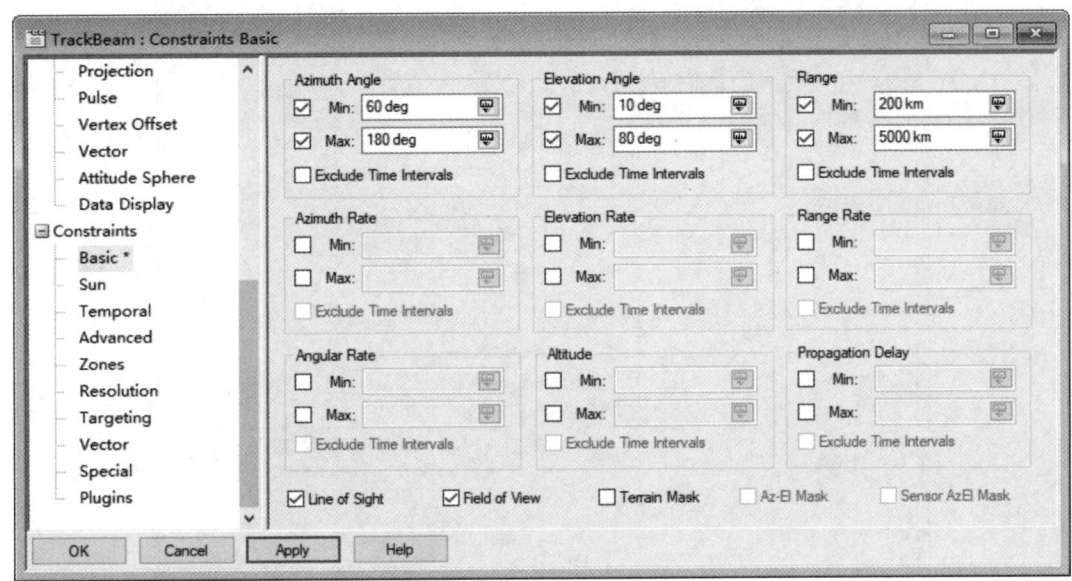

图 4-29　跟踪波束的探测范围设置界面

（21）在属性列表框中选择"Basic""Pointing"，修改"Pointing Type"属性为"Targeted"，将下方"Available Targets"栏中的"S3"移至右边栏，结果如图 4-30 所示，点击"Apply"按钮生效。

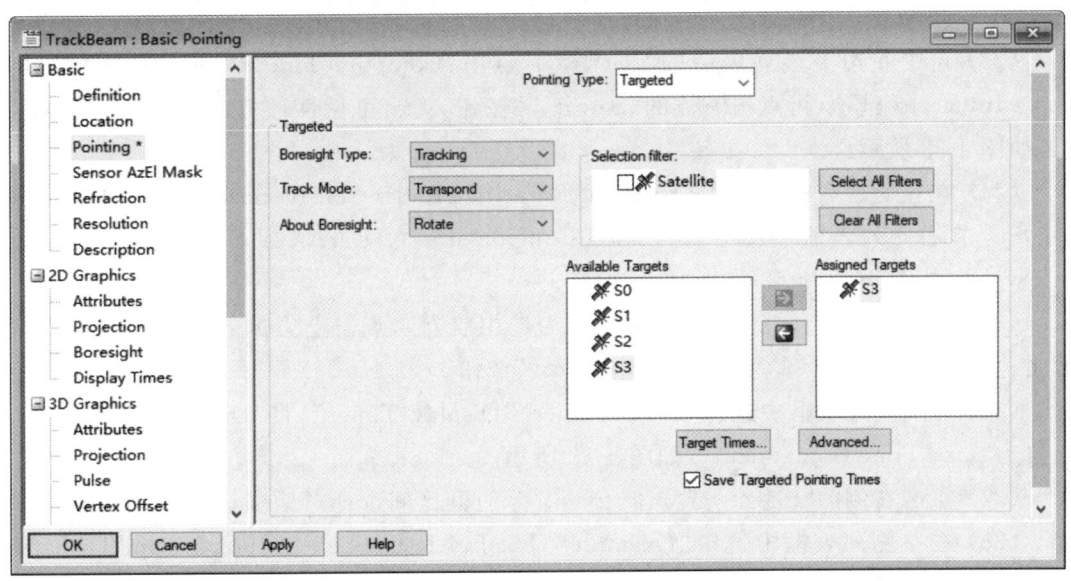

图 4-30　跟踪波束的指向参数设置界面

（22）鼠标右键点击"TrackBeam"对象，在弹出菜单中选择"Access…"选项，出现跟踪波束与目标可见性计算窗口，如图 4-31 所示。

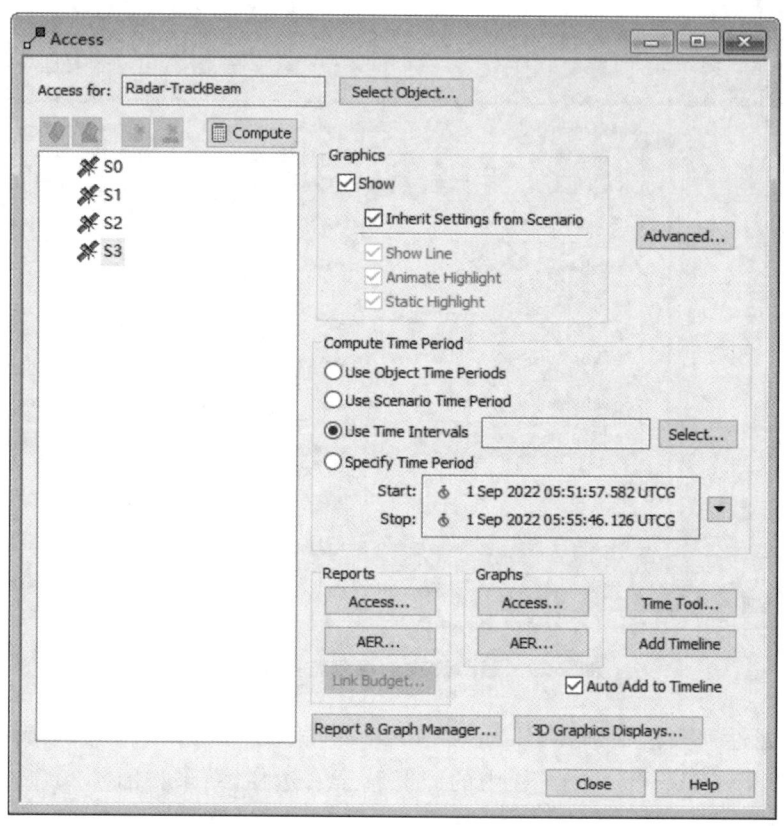

图 4-31　跟踪波束与目标可见性计算窗口

（23）选中左边卫星列表中的"S3"，然后点击"Compute Time Period"栏中的"Use Time Intervals"选项，再点击右侧的"Select…"按钮，弹出可见性计算时间区间选择对话框，如图 4-32 所示。

（24）在左侧列表框中选中"Example""Facility-Radar-Sensor-SearchBeam-To-Satellite-S3"，在右侧列表框中选中"Installed Components""AfterAccessStart""Satisfaction-Intervals"，如图 4-32 所示，点击"OK"按钮。

（25）回到可见性计算窗口（此时"S3"为选中状态），点击上方的"Compute"按钮，计算雷达跟踪波束与"S3"的可见性，点击"Close"按钮。

（26）在属性列表框中选择"2D Graphics""Display Times"，将"Display Status"属性设置为"Use Time Component"，如图 4-33 所示。

（27）点击右侧的"Select…"按钮，弹出显示时间区间选择对话框，如图 4-34 所示。

（28）在左侧列表框中选中"Example""Facility-Radar-Sensor-TrackBeam-To-Satellite-S3"，在右侧列表框中选中"Installed Components""AfterAccessStart""Satisfaction-

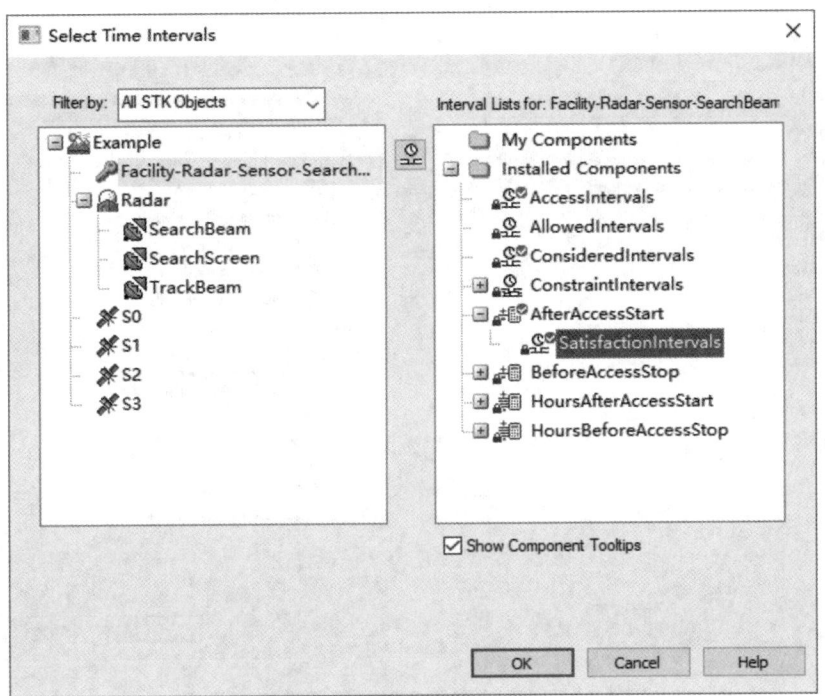

图 4-32　可见性计算时间区间选择对话框

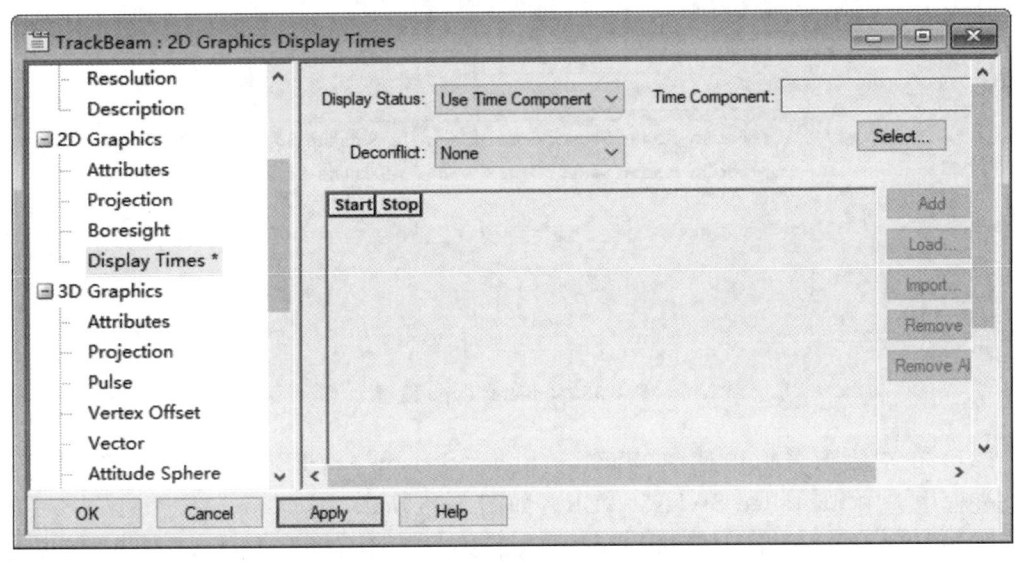

图 4-33　跟踪波束显示时间设置界面

Intervals",如图 4-34 所示,点击"OK"按钮。

(29) 回到属性编辑窗口,点击"Apply"按钮,再点击"OK"按钮,运行仿真场景,观察波束与目标的运动情况。

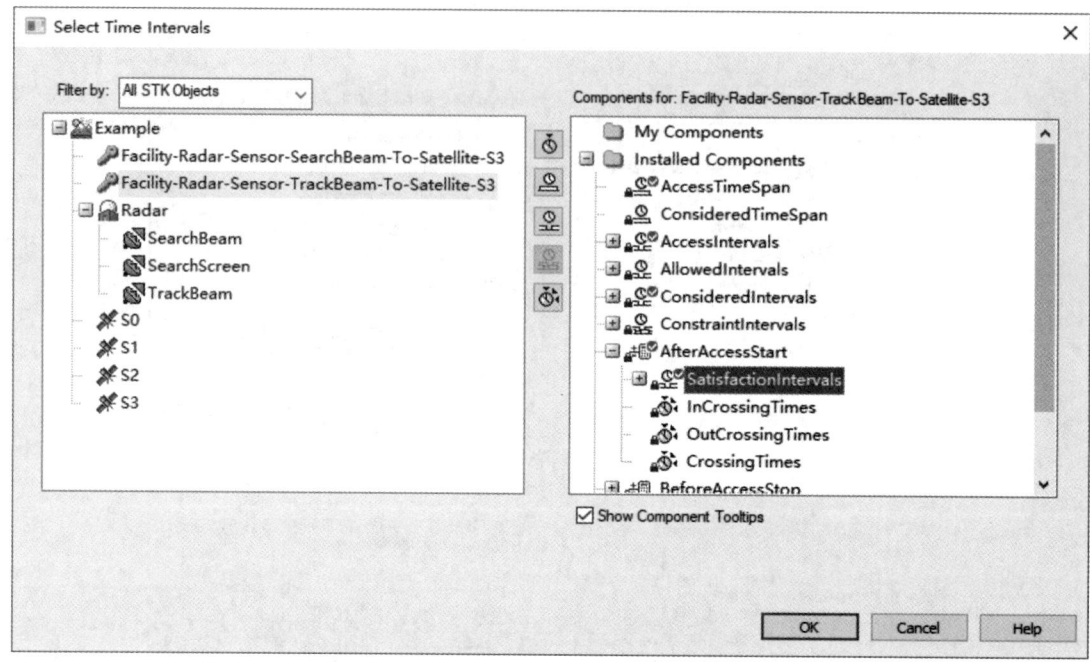

图 4-34　跟踪波束显示时间区间选择对话框

（30）点击工具栏中的"Report & Graph Manager"按钮，然后在"Object Type"设置中选择"Access"，如图 4-35 所示。

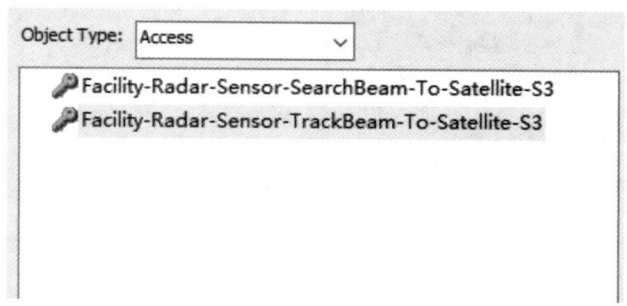

图 4-35　Object Type 设置

（31）在左侧列表框中选中"Facility-Radar-Sensor-TrackBeam-To-Satellite-S3"，右侧列表框中选中"Installed Styles""AER"，如图 4-36 所示。

（32）点击"Generate…"按钮，生成 AER 报表，将"Step"参数设置为 1 s，AER 报表输出结果如图 4-37 所示。

（33）点击上方的"Save as . cvs"按钮，将报表重命名为"TrackData. csv"，点击"保存"按钮，保存至场景目录中，如图 4-38 所示。

（34）点击 STK 工具栏按钮" 💾 "，保存场景。

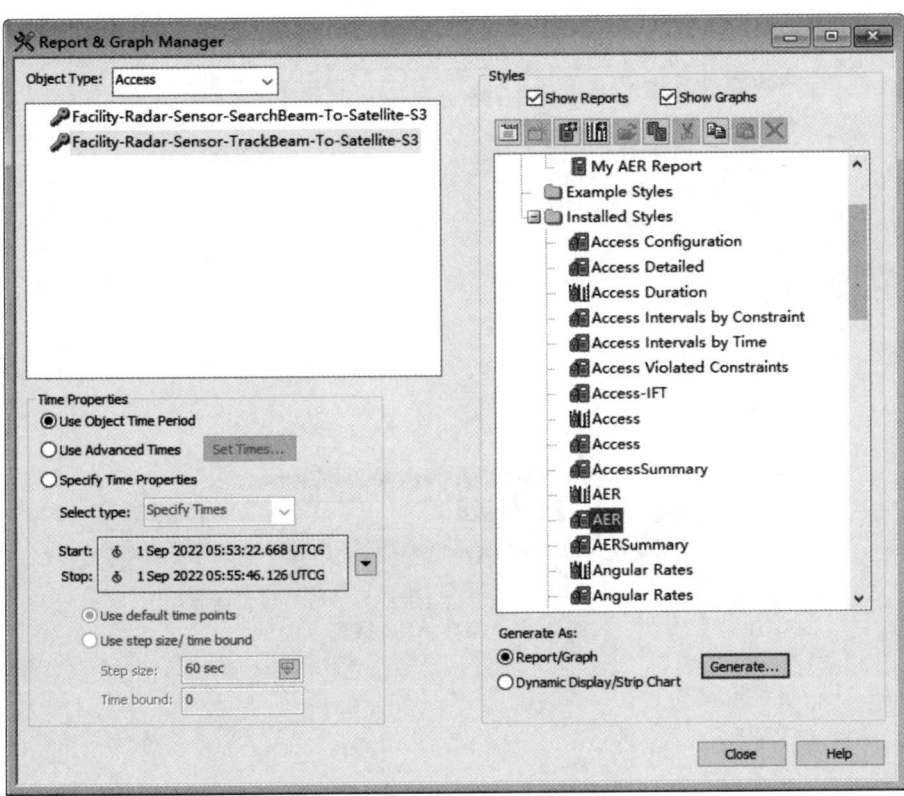

图 4-36　输出报表样式选择

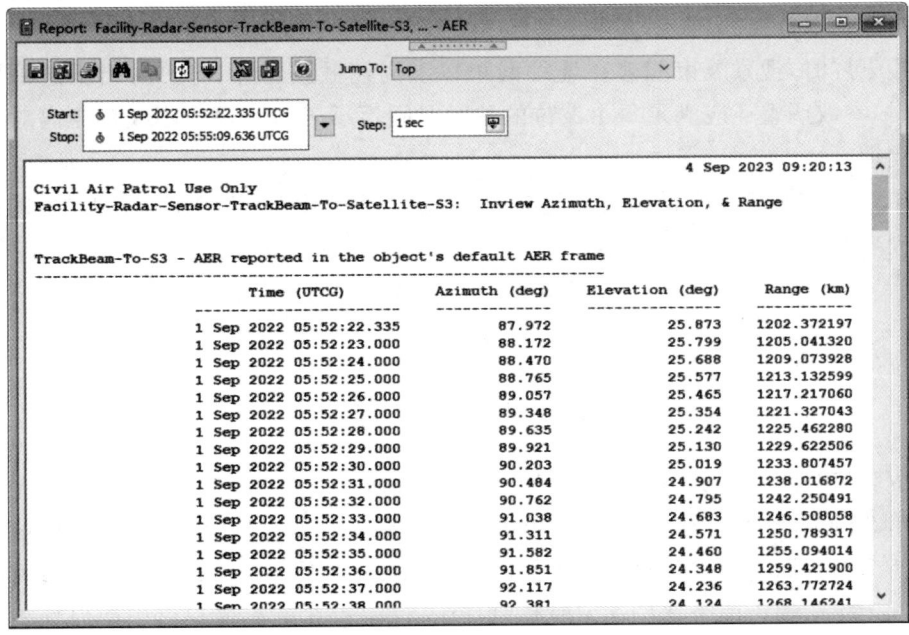

图 4-37　AER 报表输出结果

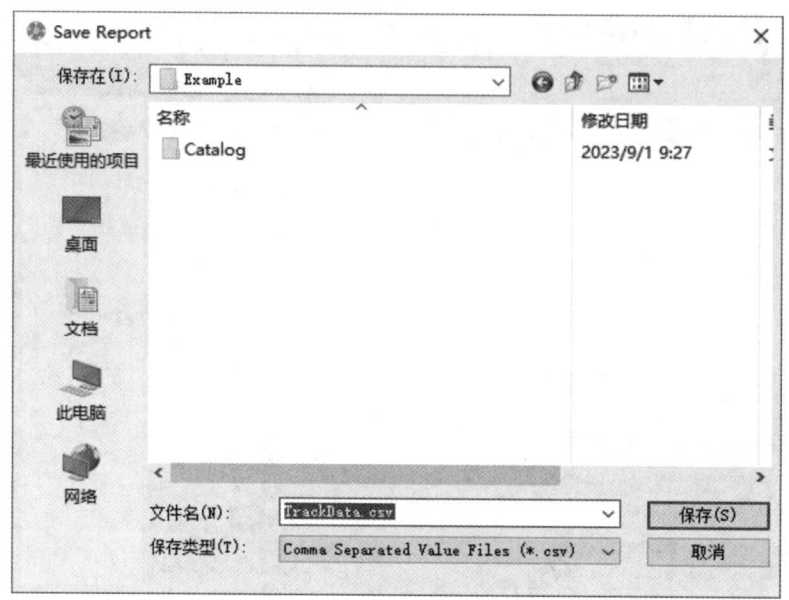

图 4-38　保存 AER 报表

4.6.3　仿真分析

搜索屏能否可靠截获到目标是空间目标探测相控阵雷达的重要任务之一。通常情况下,搜索屏的范围(方位和俯仰角)根据雷达的功能定位和任务要求已经固定,因此,为了提高目标的截获概率,需要调整波位数和扫描周期(搜索屏的扫描间隔时间)以便在目标穿越搜索屏时,搜索波束能够在连续两个以上周期截获目标。另外,当雷达采用单脉冲检测时,参数调整还应满足每个波位的驻留时间不小于雷达最大不模糊距离对应的脉冲重复周期。

以 4.6.1 节的雷达仿真参数为例,搜索时雷达最大探测为 3000 km,则对应的最小脉冲重复周期为

$$T_\mathrm{r} \approx \frac{2R_\mathrm{max}}{c} = \frac{2 \times 3 \times 10^6}{3 \times 10^8}\ \mathrm{s} = 20\ \mathrm{ms} \tag{4-35}$$

每个波位的驻留时间(只考虑目标搜索,没有考虑目标跟踪)为

$$波位驻留时间 = \frac{扫描周期}{波位数} = \frac{10}{120}\ \mathrm{s} \approx 83\ \mathrm{ms} \tag{4-36}$$

显然波位驻留时间大于最小脉冲重复周期,满足要求。

利用 STK 计算的目标穿屏次数和时间如表 4-13 所示。从表中可以看出,搜索波束在连续两个扫描周期截获到目标,满足了设计要求。此外,注意到第二个扫描周期穿屏时长为 0.164 s,约为两个波位驻留时长,也就是说搜索波束在该扫描周期内的相邻两个波位都截获了目标,再加上第一次扫描周期还截获到一次目标,因此,在目标穿屏期间,雷达总共有 3 次截获目标的机会,这大大提高了目标被截获的概率。

表 4-13　目标穿屏次数和时间

序号	穿屏起始时间(UTCG)	穿屏结束时间(UTCG)	穿屏持续时间/s
1	1 Sep 2022 05:52:22.335	1 Sep 2022 05:52:22.416	0.081
2	1 Sep 2022 05:52:32.501	1 Sep 2022 05:52:32.666	0.164

考虑到雷达在实际工作中在搜索目标的同时还要分配时间资源用于跟踪;另外,为检测小目标,有时在一个波位驻留时间内,需要发射多个脉冲进行相参积累,这也消耗了时间资源。因此,这些因素在搜索屏设计时都需要加以考虑。

练 习 题

1. 相控阵雷达空间目标监视的功能是什么?

2. 简述空间目标探测相控阵雷达的工作流程。

3. 简要描述空间目标监视雷达和弹道导弹预警雷达在协同探测时的指标要求有何差别。

4. 如何描述空间目标探测相控阵雷达的搜索屏?

5. 利用空间目标探测相控阵雷达搜索截获已知轨道根数的空间目标,目标距离雷达 1000 km,目标以 7.7 km/s 的速度穿过搜索屏,雷达俯仰搜索范围为 2°,请计算空间目标穿屏时间为多少秒?

6. 空间目标探测相控阵雷达的目标跟踪数量与哪些因素有关?

7. 画出空间目标探测相控阵雷达跟踪框图,并简要介绍目标跟踪过程。

8. 利用 STK 软件进行中国空间站探测实验,根据空间站轨迹,自主设置雷达位置和搜索屏参数,仿真计算空间站目标的穿屏时间和跟踪时间范围。

第5章

相控阵雷达轨道预报与确定

    相控阵雷达作为空间目标轨道预报与确定的关键工具,凭借高精度测量和快速扫描能力,在卫星轨道预测与确定中占据重要地位。它能根据卫星运动方程和轨道根数,迅速预测未来位置与速度,并利用少量观测数据快速确定初轨。进一步结合摄动理论和长时间观测资料,可精确计算轨道根数,为空间态势感知、碰撞预警等应用提供准确数据支持。

    本章介绍轨道预报的基础模型与方法,阐述初轨计算的典型算法,并深入探讨轨道改进的原理与算法。最后,通过 ODTK 软件设计仿真用例,对雷达探测数据进行定轨分析,以验证理论的有效性和实用性。

5.1 轨 道 预 报

    本节从轨道预报模型的基本概念出发,深入解析二体问题轨道预报方法,并重点探讨 SGP4 和 SDP4 两种常用的轨道预报模型,为理解卫星轨道预测提供理论基础。

5.1.1 轨道预报模型简介

    受摄轨道的运动方程可以表示为

$$\ddot{\boldsymbol{r}} = \boldsymbol{F}_0 + \boldsymbol{F}_\epsilon \tag{5-1}$$

一般会将其转化为相应的摄动方程求解,即

$$\frac{\mathrm{d}\sigma}{\mathrm{d}t}=f_\epsilon(\sigma,t,\epsilon) \tag{5-2}$$

式中：σ 是六个密切根数；$f_\epsilon(\sigma,t,\epsilon)$ 是六维向量函数。

在一定条件下，用平均根数法可以得到式（5-2）的小参数幂级数解[60]。一般进行受摄轨道预报需要考虑的摄动有地球非球形引力摄动、日月引力摄动、大气阻力摄动、光压摄动、潮汐摄动等。

解析法预报是通过建立运动方程预测参数随时间变化的规律。这种方法采用近似解析式代替复杂运动方程，以简化计算过程。在实际应用中，由于摄动因素的存在，直接求解运动方程难度较大，因此，常采用级数展开法近似求解，以牺牲一定精度为代价提高计算速度。然而，这种方法仅在有限时间内有效，且随着时间增加预报精度会逐渐降低。尽管如此，解析法预报仍有其独特优势，能够更好地理解摄动因素对运动的影响。相比数值方法，解析法虽推导复杂，但具有更强的解释性和直观性，有助于深入探究运动规律。因此，在特定领域（如轨道预报中），解析法预报仍具有重要应用价值。

数值法预报采用迭代算法，不直接求解运动方程，能考虑更多摄动因素，精度较高，但计算较慢，在使用时需注意舍入和截断误差，合理选择积分步长。相对解析法预报，数值法预报难以揭示运动的一般规律，但更适用于复杂情境下的精确计算。

无论是解析法预报还是数值法预报都不是全能的，也不能完全相互代替。通过数值法预报与解析法预报的联合使用，会对卫星定轨计算带来极大便利。

SGP4/SDP4 模型是空间目标监视领域广泛采用的一种解析法轨道预报模型，本章将对其进行简要介绍。至于数值法轨道预报模型，其核心在于研究微分方程的数值解法，具体细节读者可以参考相关文献[28]。

5.1.2　二体问题轨道预报

本节讨论二体问题下某瞬时 t_0 的位置矢量 $\boldsymbol{r}_0$ 和速度矢量 $\boldsymbol{v}_0$ 与任意时刻 t 的位置矢量 $\boldsymbol{r}$ 和速度矢量 $\boldsymbol{v}$ 的关系。

因为航天器运动限制在一个平面内，所以 $\boldsymbol{r}_0$、$\boldsymbol{v}_0$、$\boldsymbol{r}$ 和 $\boldsymbol{v}$ 这 4 个矢量共面。由共面矢量的基本定理可知：若 $\boldsymbol{A}$、$\boldsymbol{B}$ 和 $\boldsymbol{C}$ 为共面矢量，且 $\boldsymbol{A}$ 和 $\boldsymbol{B}$ 不共线，则 $\boldsymbol{C}$ 可以由 $\boldsymbol{A}$ 和 $\boldsymbol{B}$ 的线性组合表示。因此有

$$\boldsymbol{r}=F\boldsymbol{r}_0+G\boldsymbol{v}_0 \tag{5-3}$$

对上式求导可得

$$\boldsymbol{v}=\dot{F}\boldsymbol{r}_0+\dot{G}\boldsymbol{v}_0 \tag{5-4}$$

其中，F、G、$\dot{F}$ 和 $\dot{G}$ 是与时间有关的标量。

现在问题归结为如何利用 $\boldsymbol{r}_0$、$\boldsymbol{v}_0$、t_0 和 t（或 $\Delta t=t-t_0$）计算 F、G、$\dot{F}$ 和 $\dot{G}$。

1. 以偏近点角表示的 F 和 G

经推导可得[21]

$$\begin{cases} F=1-\dfrac{a}{r_0}(1-\cos\Delta E) \\[2mm] G=(t-t_0)-\sqrt{\dfrac{a^3}{\mu}}(\Delta E-\sin\Delta E) \\[2mm] \dot{G}=1-\dfrac{a}{r}(1-\cos\Delta E) \\[2mm] \dot{F}=-\dfrac{\sqrt{\mu a}\sin\Delta E}{rr_0} \end{cases} \qquad (5-5)$$

式中:$\Delta E=E-E_0$。具体计算 r 和 v 的步骤如下。

(1) 由 r_0、v_0 和 Δt,根据式(3-20)迭代计算 ΔE。

(2) 根据式(5-5)前两式计算 F、G。

(3) 代入式(5-3)计算 r。

(4) 根据式(5-5)后两式计算 $\dot{F}$ 和 $\dot{G}$。

(5) 代入式(5-4)计算 v。

在轨道近似抛物线时,利用偏近点角计算 F 和 G 往往计算误差很大,还会出现迭代收敛慢,或根本不收敛的情况,而引入普适变量可以克服这些问题,读者可以参考相关文献[21]。

2. F 和 G 的级数

对于 $\tau=t-t_0$ 为一小量时,应用 F 和 G 级数法计算 r 和 v 更为快速、方便。将位置矢量 r 在 t_0 附近进行泰勒级数展开,经推导有

$$\begin{cases} F=1-\dfrac{1}{2}u_0\tau^2-\dfrac{1}{6}\dot{u}_0\tau^3-\dfrac{1}{24}(\ddot{u}_0-u_0^2)\tau^4-\dfrac{1}{120}(\dddot{u}_0-4u_0\dot{u}_0)\tau^5-\cdots \\[2mm] G=\tau-\dfrac{1}{6}u_0\tau^3-\dfrac{1}{12}\dot{u}_0\tau^4-\dfrac{1}{120}(3\ddot{u}_0-u_0^2)\tau^5-\cdots \end{cases}, \quad u_0=\mu/r_0^3$$

$$(5-6)$$

将式(5-6)代入式(5-3)可得 r,对 F 和 G 求导后代入式(5-4)可得 v。

5.1.3 SGP4/SDP4 模型

在 20 世纪受到计算能力的限制,难以满足对所有空间目标进行数值轨道预报与分析的需要,因此空间编目采用的是平均轨道根数,对应的是解析模型。美国空间监视网(SSN)是目前世界上最完善的空间目标监视系统,它采用两行轨道根数(TLE)发布空间目标轨道数据,对应的 SGP4/SDP4 轨道预报模型是解析模型。本节仅对这类模型的发展历史作简要介绍,其理论细节可参考相关文献[37]。

1. 美国空间监视解析模型发展历程

Hoots 在 2004 年总结了美国空间监视系统的解析轨道模型[61],主要包括:早期方法(1957—1963)、理论基础(1959—1969)、操作应用(1964—1979)以及深空模型(1965—1997)。

1959 年,布劳威尔(Brouwer)利用 Von-Zeipel 正则变换为空间监视计划开发了近地卫星运动在带谐项 J_2、J_3、J_4 和 J_5 影响下的解析解[62];同时古在由秀提出平均根数法,发表了该问题的另一种解[63]。之后,在许多人的努力下,两个人的工作得到了完善,今天美国空间监视系统的绝大多数解析预报模型都以二者中的一个作为基础。

1961 年,布劳威尔和堀源一郎对 1959 年布劳威尔的解进行修正[64],考虑了大气阻力影响,大气密度采用静态指数形式,在标称高度处进行级数展开。该大气密度模型的完整形式过于复杂,级数收敛缓慢,在当时的计算机上难以运行。20 世纪 60 年代,美国国家空间监视控制中心的汉斯克姆(Hanscom)小组开创性地发展了大气密度模型,从流体静力学平衡出发,得到大气密度含整数指数的幂函数表达式,完全避免级数展开,让布劳威尔模型可以完整、简洁地包含大气阻力项。这一模型的建立与改进由莱恩(Lane)和克兰福德(Cranford)等人完成[65]。

1963 年,莱丹尼为解析理论作出了重要贡献:他证明了基于德劳内(Delaunay)变量的布劳威尔解可以通过庞加莱变量重构,在维持理论一阶特性的同时避免了偏心率和轨道倾角正弦值引起的小除数[66]。这一成果与布劳威尔的完整解在海军空间监视系统(NAVSPASUR)中得到应用,形成了位置偏导数和时间(Position Partials and Time,PPT)预报模型。1964 年,史密斯(Smith)指导开发了 IBM7090 计算机上运行的 PPT 原始版本,引入金海勒(King-Hele)的大气阻力模型。该模型假设大气阻力对平均运动角速度的影响是时间的二次函数,系数是轨道确定中的待解参数。PPT 预报模型保留了所有的长周期项,包括临界倾角的零除数,并采用一种特殊方式对这些临界项进行处理。其平均角速度与布劳威尔的定义有所不同:出于计算考虑,PPT 预报模型将平均角速度定义为扰动平近点角的线性项的时间系数,包含了平近点角的带谐长期项摄动率;布劳威尔涉及平均半长轴的平均角速度的定义本质上来自开普勒公式。因此,PPT 预报模型的平均角速度表达式包含了其他平均根数的摄动参数和函数,在数值上更接近古在由秀的结果。

为了避免偏心率或轨道倾角正弦值的小除数,空间探测和跟踪系统(SPADATS)中心开发了简化普适摄动(Simplified General Perturbations,SGP)模型。该模型将解转换为非奇异参数的级数,只包含布劳威尔理论中长周期项和短周期项,偏心率不再作为因子,采用古在由秀关于平均角速度到半长轴的非开普勒转换,大气阻力与史密斯的方式类似,而偏心率变化率的获取假设近地点高度保持常值,且半长轴衰减。1964 年,SGP 成为 SPADATS 的基本轨道预报模型。1970 年,克兰福德依据他和莱恩的研究成果形成了 SGP4 模型,该版本只考虑大气阻力的长期影响。

2. SGP4/SDP4 轨道模型

1980 年 12 月,美国空间监视网给出了美国太空司令部(USSPACECOM)开发的利用两行轨道根数(TLE)进行预报的 5 套轨道模型:SGP、SGP4、SDP4、SGP8 和 SDP8,以及相应的 FORTRAN 源代码,但并未给出模型的具体推导过程以及模型的改进情况。美国太空司令部只是对授权用户发布 SGP4/SDP4 轨道预报模块(单独的动态链接库

DLL），并没有公开 SGP4/SDP4 的官方版本。

许多人指出美国发布的模型存在问题，但只能对 FORTRAN 源程序做改进。STK 软件的研究人员基于公开信息开发了 SGP4/SDP4 轨道预报器，据美国太空司令部的授权用户反映，STK 软件的 SGP4/SDP4 轨道预报器的计算结果与美国太空司令部的计算结果存在细微差别。美国空间监视网定期更新空间目标的两行轨道根数（针对 SGP4/SDP4 模型），但未公布两行轨道根数的确定算法。普通的使用者必须依赖美国空间监视网对空间目标进行 TLE 更新。

SGP4/SDP4 轨道预报器把所有的空间目标分为近地（Near Earth，周期小于 225 min）和深空（Deep Space，周期大于等于 225 min）两大类。轨道预报模型也相应地分为近地和深空两类，共有 5 个预报空间目标位置和速度的数学模型。

（1）SGP 于 1966 年开发，用于近地目标轨道计算。它简化了古在由秀 1959 年提出的引力场模型，并且认为大气阻力对平均运动角速度的影响随时间呈线性变化，平近点角的摄动项是时间的二次函数，且近地点高度为常值。

（2）SGP4 于 1970 年开发，用于近地目标轨道计算。模型是莱恩和克兰福德 1969 年解析理论的简化，它采用布劳威尔 1959 年提出的引力场模型；大气模型采用密度幂函数。SGP 和 SGP4 的区别在于平均角速度和阻力的表述形式不同。

（3）SDP4 是 SGP4 的扩展，用于深空目标轨道计算。日月引力对周期半天或一天的轨道影响很大，因此该模型考虑了日月引力及地球扁率扇谐项和田谐项的影响。

（4）SGP8 用于近地目标轨道计算，由 Hoots 的解析理论简化得到，引力场模型和大气模型与莱恩和克兰福德解析理论相同，只是对微分方程求积采用了不同的方法。

（5）SDP8 是 SGP8 的扩展，用于深空目标轨道计算，深空影响模型方程与 SDP4 相同。

目前 SGP4/SDP4 是应用主流，美国空间监视网公布的 TLE 针对的就是 SGP4/SDP4 模型，它的预报计算公式读者可以参考相关文献[37]。

5.2　初　轨　计　算

初轨确定要利用少量、离散的跟踪观测数据快速确定航天器轨道的近似值。

5.2.1　三矢量定轨法

1. 吉布斯三位置矢量定轨法

在三个连续的时刻 t_1、t_2 和 t_3（$t_1 < t_2 < t_3$）观测到一个空间目标，得到了三个时刻的地心位置矢量 r_1、r_2 和 r_3。假设目标位于二体问题的轨道内，需要确定目标在 t_1、t_2 和 t_3 时刻的速度 v_1、v_2 和 v_3。

经推导,三个时刻中任一时刻的速度表达式[66]为

$$v = \sqrt{\frac{\mu}{ND}} \left(\frac{\boldsymbol{D} \times \boldsymbol{r}}{r} + \boldsymbol{S} \right) \tag{5-7}$$

式中

$$\begin{cases} \boldsymbol{D} = \boldsymbol{r}_1 \times \boldsymbol{r}_2 + \boldsymbol{r}_2 \times \boldsymbol{r}_3 + \boldsymbol{r}_3 \times \boldsymbol{r}_1 \\ \boldsymbol{N} = r_1(\boldsymbol{r}_2 \times \boldsymbol{r}_3) + r_2(\boldsymbol{r}_3 \times \boldsymbol{r}_1) + r_3(\boldsymbol{r}_1 \times \boldsymbol{r}_2) \\ \boldsymbol{S} = \boldsymbol{r}_1(r_2 - r_3) + \boldsymbol{r}_2(r_3 - r_1) + \boldsymbol{r}_3(r_1 - r_2) \\ N = \| \boldsymbol{N} \|, D = \| \boldsymbol{D} \|, \quad r = \| \boldsymbol{r} \| \end{cases} \tag{5-8}$$

已知 $\boldsymbol{r}_1$、$\boldsymbol{r}_2$、$\boldsymbol{r}_3$,计算轨道根数的步骤可以归纳如下。

(1) 计算 r_1、r_2、r_3。

(2) 计算 $\boldsymbol{u}_{r1} = \boldsymbol{r}_1 / r_1$ 和 $\boldsymbol{C}_{23} = \boldsymbol{r}_2 \times \boldsymbol{r}_3 / |\boldsymbol{r}_2 \times \boldsymbol{r}_3|$。

(3) 验证 $\boldsymbol{u}_{r1} \cdot \boldsymbol{C}_{23} = 0$。

(4) 由式(5-8)分别计算 $\boldsymbol{D}$、$\boldsymbol{N}$、$\boldsymbol{S}$。

(5) 由式(5-7)计算 $\boldsymbol{v}_2$。

(6) 由 $\boldsymbol{r}_2$ 和 $\boldsymbol{v}_2$ 计算轨道根数。

2. 赫里克-吉布斯算法

将卫星的位置矢量 $\boldsymbol{r}$ 视为时间的函数,利用泰勒级数在 t_2 时刻展开,将 $\boldsymbol{r}_1$ 和 $\boldsymbol{r}_3$ 分别代入,并利用二体运动方程,经推导可得 $\boldsymbol{v}_2$ 的表达式[28]为

$$\boldsymbol{v}_2 = -d_1 \boldsymbol{r}_1 + d_2 \boldsymbol{r}_2 + d_3 \boldsymbol{r}_3 \tag{5-9}$$

式中

$$\begin{cases} d_i = G_i + H_i / r_i^3, i \in \{1, 2, 3\} \\ G_1 = \dfrac{t_{23}^2}{t_{12} t_{23} t_{13}}, \ G_3 = \dfrac{t_{12}^2}{t_{12} t_{23} t_{13}}, \ G_2 = G_1 - G_3 \\ H_1 = \mu t_{23} / 12, \ H_3 = \mu t_{12} / 12, \ H_2 = H_1 - H_3 \\ t_{12} = t_2 - t_1, \ t_{13} = t_3 - t_1, \ t_{23} = t_3 - t_2 \end{cases} \tag{5-10}$$

5.2.2　F、G 级数法

由雷达观测数据可得一系列的 $t_i, \boldsymbol{r}_i (i = 1, 2, \cdots, N)$。由式(5-3)可得

$$\begin{cases} \boldsymbol{r}_1 = F_1 \boldsymbol{r}_0 + G_1 \boldsymbol{v}_0 \\ \boldsymbol{r}_2 = F_2 \boldsymbol{r}_0 + G_2 \boldsymbol{v}_0 \\ \qquad \vdots \\ \boldsymbol{r}_N = F_N \boldsymbol{r}_0 + G_N \boldsymbol{v}_0 \end{cases} \tag{5-11}$$

根据线性最小二乘估计原理,t_0 时刻的位置和速度表达式为[68]

$$\begin{cases} \boldsymbol{r}_0 = \dfrac{1}{D} (C\boldsymbol{L} - B\boldsymbol{M}) \\ \boldsymbol{v}_0 = \dfrac{1}{D} (A\boldsymbol{M} - B\boldsymbol{L}) \end{cases} \tag{5-12}$$

式中

$$
\begin{cases}
A = \sum_{i=1}^{N} F_i^2, & B = \sum_{i=1}^{N} F_i G_i \\
C = \sum_{i=1}^{N} G_i^2, & D = AC - B^2 \\
\boldsymbol{L} = \sum_{i=1}^{N} F_i \boldsymbol{r}_i, & \boldsymbol{M} = \sum_{i=1}^{N} G_i \boldsymbol{r}_i
\end{cases}
\tag{5-13}
$$

基于 F、G 级数的初轨确定方法步骤如下。

（1）设置首次迭代 t_i 时刻的 $F_i = 1$，$G_i = t_i - t_0$，并用式（5-12）求出 $\boldsymbol{r}_0$、$\boldsymbol{v}_0$ 的初始值。

（2）根据 3.2.3 节的公式，由 $\boldsymbol{r}_0$、$\boldsymbol{v}_0$ 计算出开普勒轨道根数 a、e、i、Ω、ω、M。

（3）根据式（3-20）用牛顿迭代法计算出 t_i 时刻的 ΔE_i。

（4）根据式（5-5）求出 t_i 时刻的 F_i、G_i。

（5）根据式（5-12）求 $\boldsymbol{r}_0$、$\boldsymbol{v}_0$。

（6）返回步骤（2）进行循环迭代，直到 $\boldsymbol{r}_0$、$\boldsymbol{v}_0$ 与前一次计算的 $\boldsymbol{r}_0$、$\boldsymbol{v}_0$ 的差达到精度要求为止。

（7）由 $\boldsymbol{r}_0$、$\boldsymbol{v}_0$ 转换得到最终的轨道根数 a、e、i、Ω、ω、M。

5.3 轨 道 改 进

轨道改进又称精轨计算，是在初轨计算的基础上，从一系列较长时间间隔的观测资料及 t_0 时刻的初轨根数（或位置和速度）出发，利用摄动理论，计算出 t_0 时刻初轨根数的改正量，从而得到 t_0 时刻的精轨根数。由于观测资料弧段长、数量多，计算中可降低观测数据随机误差的影响，且由于严格按摄动理论处理，故轨道改进结果的精度总高于初轨计算的结果。

5.3.1 基本概念

与初轨确定不同，轨道改进的卫星动力学模型更精细，采用的观测数据更丰富，解出的轨道更精确。

卫星运动对应的动力学模型为

$$
\begin{cases}
\boldsymbol{x} = \boldsymbol{F}(\boldsymbol{x}, t) \\
\boldsymbol{x}(t_0) = \boldsymbol{x}_0
\end{cases}
\tag{5-14}
$$

这里 $\boldsymbol{x}$ 为待改进的状态量，它可以是卫星开普勒根数 σ（或位置和速度矢量）和一些物理

参数 b（如地球物理参数、大气参数等），它是 n 维向量（一般 $n \geqslant 6$）。

上式是 n 个一阶非线性方程组，其解的形式一般可写为

$$x(t) = x(x_0, t) \tag{5-15}$$

卫星观测量是状态量的非线性函数，表示为

$$Y_i = G(x_i, t_i) + \varepsilon_i = \widetilde{G}(x_0, t_0, t_i) + \varepsilon_i \quad (i = 1, \cdots, m) \tag{5-16}$$

式中：Y_i 为 t_i 时刻的实际观测量（简称观测值）；$\widetilde{G}(x_0, t_0, t_i)$ 为由初始状态量 x_0 出发，在某一摄动模型下计算的 t_i 时刻的计算观测量（简称计算值）；ε_i 为随机噪声。

5.3.2　轨道改进基本原理

采用最小二乘原理进行轨道改进，轨道改进原理图如图 5-1 所示。最小二乘轨道改进的基本原理是找到一条轨道，使得理论观测值和实际观测值之间的残差平方和（即损耗函数）最小，即求解 x_0，使得式（5-17）的值最小。

$$J(x_0) = [z - h(x_0)]^{\mathrm{T}} [z - h(x_0)] \tag{5-17}$$

式中：x_0 是卫星在 t_0 时刻的位置和速度构成的状态参量，$x_0 = [r(t_0); v(t_0)]$，由 x_0 通过轨道预报可以得到一条参考轨道；z 是 N 次雷达实际观测矢量，$z = [z_1; z_2; \cdots; z_N]$，每次观测矢量包含距离、方位和俯仰三个分量 $(\rho_n, \alpha_n, \beta_n)$；$h(x_0)$ 是由参考轨道计算得到的理论观测值。

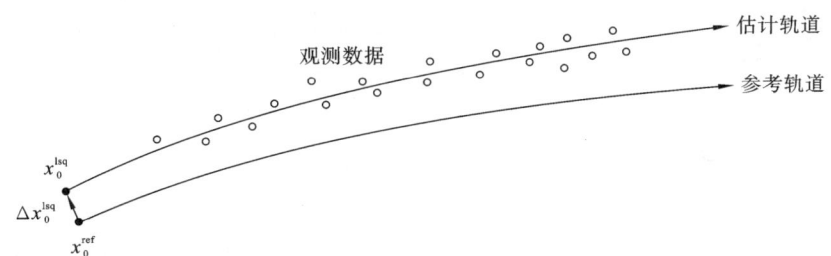

图 5-1　轨道改进原理图

5.3.3　轨道改进分类

1. 解析法定轨

预报模型采用解析法，引入摄动项建立轨道预报方程进行轨道改进。解析法考虑摄动因素较简单，定轨运算速度快，但精度一般偏低。

2. 数值法定轨

预报模型采用数值法，通过数值积分完成轨道改进。数值法能够考虑更复杂的摄动因素，运算速度较慢，但精度更高。

5.3.4　轨道改进基本流程

图 5-2 是轨道改进的基本流程。轨道改进的一般步骤如下[21]。

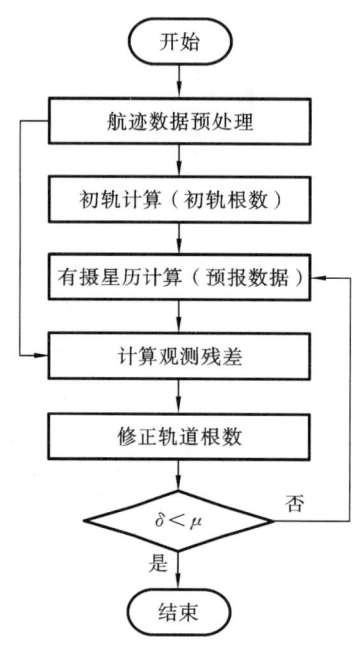

图 5-2　轨道改进的基本流程

（1）航迹数据预处理。

主要工作是剔除观测资料中的异常测量值，修正各项系统误差，如大气折射、电波时延等，整理和压缩观测数据。

（2）初轨计算。

利用少量观测数据，通过选择合适的初轨确定算法来计算轨道根数，得到的初轨根数精度一般不高，但计算速度快、数据量小，可在短时间内获取。在轨道确定流程中，初轨根数作为轨道改进的迭代初值参与运算。

（3）有摄星历计算。

以初轨根数为初值，选用合适的摄动力计算模型，计算出与一系列实际观测时刻 t_i 对应的预报数据（一般为位置数据）。计算方法主要有两类：数值法和解析法。数值法精度较高，但计算速度较慢，解析法精度较低，但计算速度较快。

（4）计算观测残差。

观测残差可通过下式计算

$$\Delta z^{(j)} = z - z^{(j)} \tag{5-18}$$

式中：$\Delta z^{(j)}$ 为第 j 轮迭代对应的观测误差；z 为实际观测数据（一般为航迹数据）；$z^{(j)}$ 为第 j 轮迭代中由有摄星历计算得到的理论观测数据。

（5）修正轨道根数。

要对轨道根数进行修正必须先求得轨道根数修正值，该修正值可用下式计算

$$\Delta x_0^{\mathrm{lsq}} = (\boldsymbol{H}^{\mathrm{T}} \boldsymbol{W} \boldsymbol{H})^{-1} (\boldsymbol{H}^{\mathrm{T}} \boldsymbol{W} \Delta z^{(j)}) \tag{5-19}$$

式中：$\boldsymbol{H}$ 为观测量对状态矢量的偏导数矩阵；$\boldsymbol{W}$ 是权矩阵，具体表达式可以参考相关文献[28]。

用下式迭代更新轨道根数

$$\boldsymbol{x}_0^{(j+1)} = \boldsymbol{x}_0^{(j)} + \Delta \boldsymbol{x}_0^{\mathrm{lsq}} \tag{5-20}$$

同时计算观测残差的均方根

$$\mathrm{RMS}^{(j)} = \sqrt{\frac{1}{n}(\Delta z^{(j)})^{\mathrm{T}} \boldsymbol{W} \Delta z^{(j)}} \tag{5-21}$$

式中：n 为观测数据的点数。

（6）迭代计算。

利用最近两次观测残差的均方根计算迭代参数 δ，即

$$\delta = \left| \frac{\mathrm{RMS}^{(j)} - \mathrm{RMS}^{(j-1)}}{\mathrm{RMS}^{(j)}} \right| \qquad (5\text{-}22)$$

如果 $\delta < \mu$，则迭代终止。其中 μ 为小量，一般可取 0.01。如果 $\delta > \mu$，则回到步骤（3），将该轮修正的轨道根数作为输入再次代入有摄星历计算，继续迭代，直到最终满足 $\delta < \mu$ 为止。

上述轨道改进流程中的有摄星历计算和修正轨道根数是核心步骤，具体细节可参考相关文献[69]。

5.4　仿真应用

本节采用 ODTK 软件对第 4 章的雷达仿真观测数据 TrackData.csv 进行轨道确定分析。由于 ODTK 所需的数据格式（.geosc，见图 5-3）与 STK 的输出数据格式（.csv，见图 4-38）不同，需先进行数据格式转换。转换工具"STK2ODTK.exe"可向作者索取。选取 3 个间隔适当的数据点，采用 HerrickGibbs 初轨确定方法进行定轨。基于初轨结果，利用全部观测数据，采用最小二乘轨道改进方法进行精轨计算。

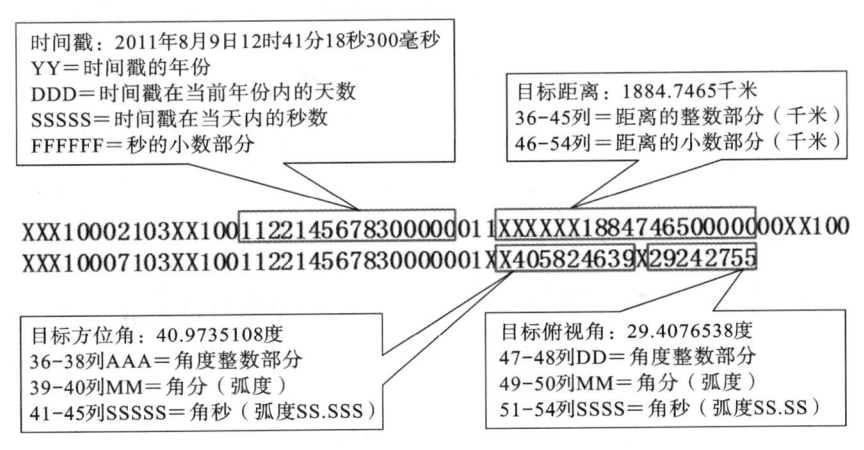

图 5-3　ODTK 数据源文件格式（.geosc）

5.4.1　仿真用例

利用 ODTK 软件建立定轨场景时，相关雷达参数和卫星参数需要与第 3、4 章仿真案例中的参数保持一致，确保数据分析的有效性。

5.4.2　仿真操作

（1）运行 STK2ODTK.exe，如图 5-4 所示，表格中前 4 列为第 4 章仿真数据文件 TrackData.csv 中的时戳和雷达观测数据，后 3 列为添加雷达观测误差后的转换结果，在左下方输入雷达的距离误差、方位误差和俯仰误差，右下方的卫星标识和观测站标识是配合 ODTK 定轨场景需要的标识号。

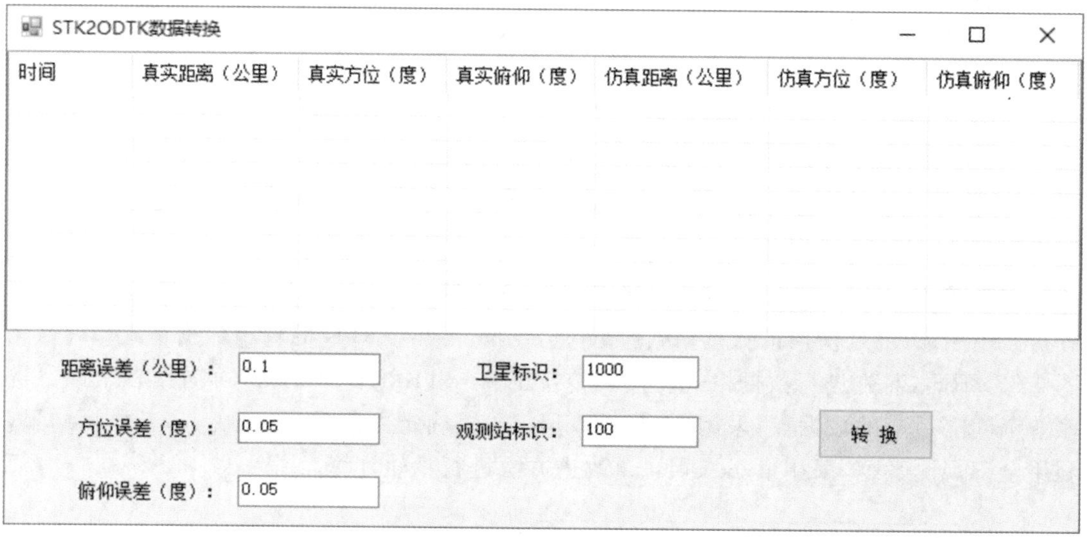

图 5-4　数据转换工具界面

（2）点击"转换"按钮，弹出文件选择对话框，选择第 4 章生成的仿真数据文件 Track-Data.csv，再点击对话框的"打开"按钮，程序自动进行数据转换，转换成功的结果如图 5-5 所示，生成的 TrackData.geosc 文件与 TrackData.csv 位于同一目录。

（3）运行 ODTK 软件，初始启动界面如图 5-6 所示。

（4）点击"File""New …"菜单，新建一个定轨场景，点击鼠标右键，选择对象栏中的场景，重命名为"ODTKExample"，如图 5-7 所示。

（5）在"Object Browser"中双击"ODTKExample"对象，在右侧的属性列表框选择"Scenario""Measurements""Files"，点击右侧的"click to edit"，弹出如图 5-8 所示的测量数据编辑对话框。

（6）点击右侧的"Add"按钮，在左侧的列表框中将增加一条记录，继续点击"Filename"列下的"click to edit"，选择 TrackData.geosc 文件，选择完毕后的结果如图 5-9 所示，点击"OK"按钮。

（7）回到主界面后，点击属性列表框上方的"Apply"按钮生效，如图 5-10 所示。

（8）点击 ODTK 工具栏的"View measurements"按钮"▤"，预览测量数据，如图5-11所示，其中卫星编号和雷达编号就是数据转换时输入的标识号。

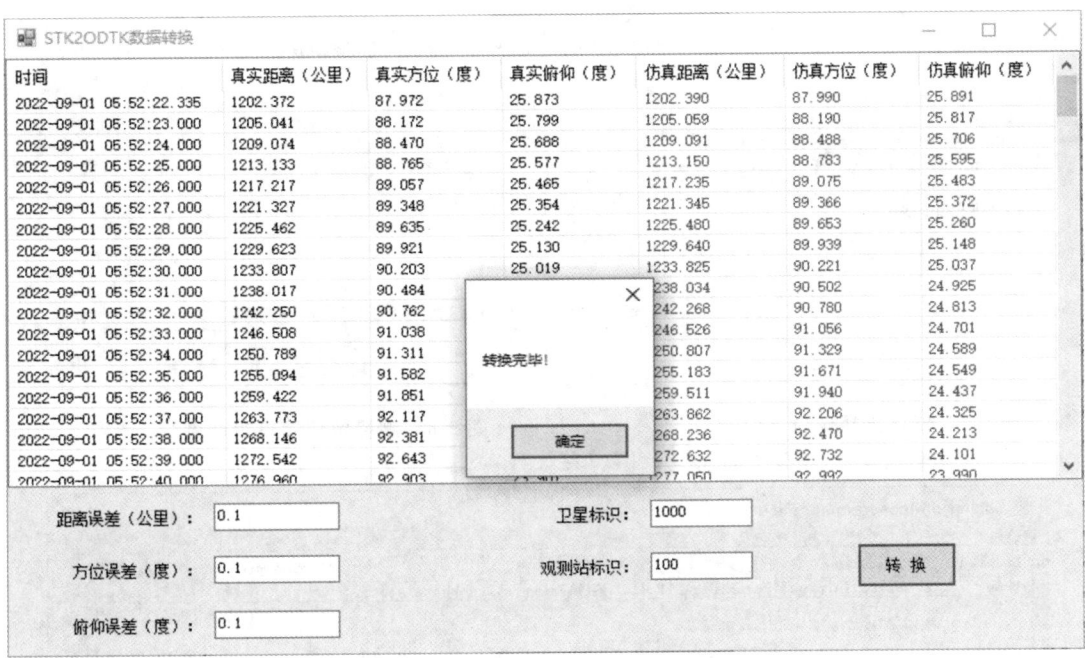

图 5-5　数据转换成功的结果

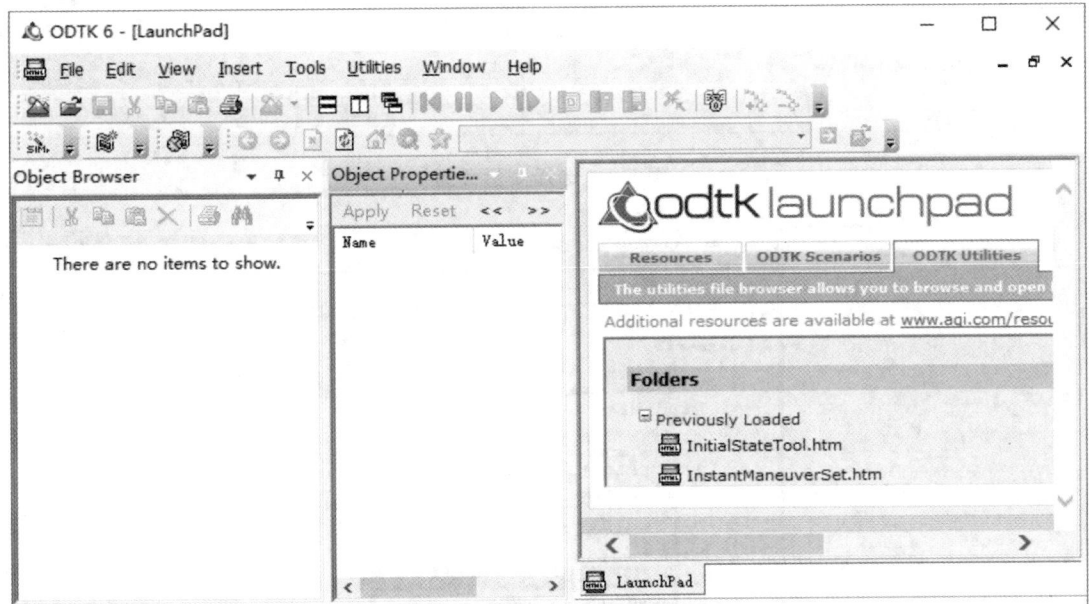

图 5-6　ODTK 初始启动界面

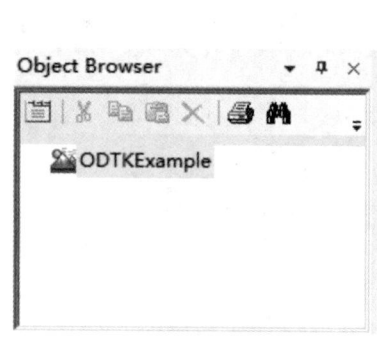

图 5-7　新建定轨场景

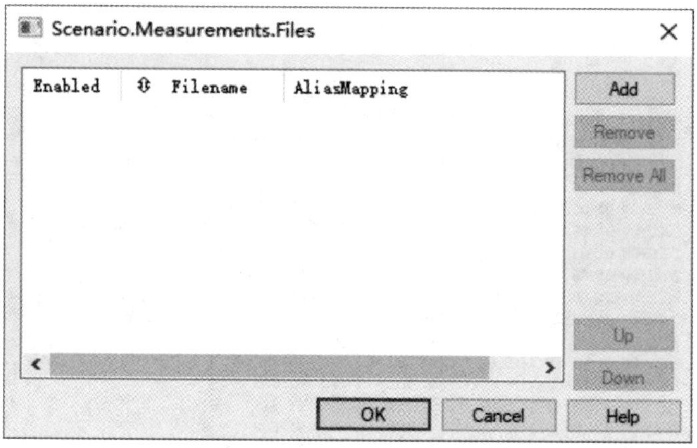

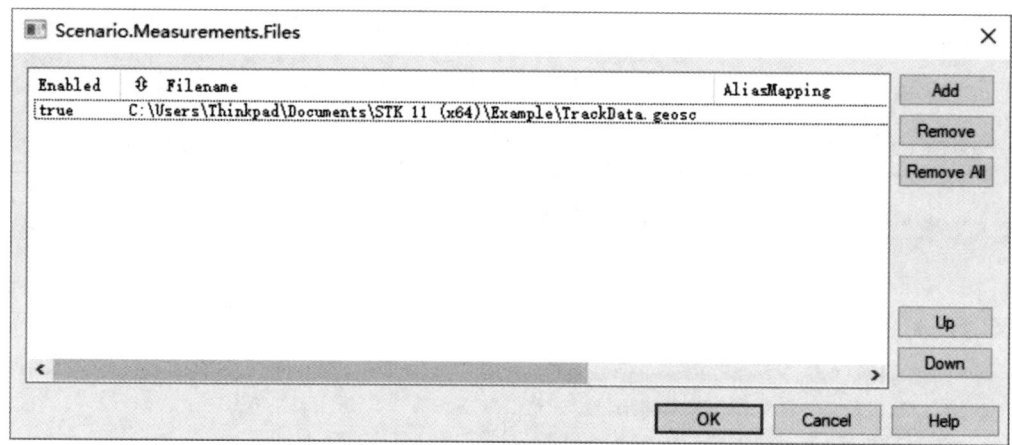

图 5-8　测量数据编辑对话框

图 5-9　选择测量数据

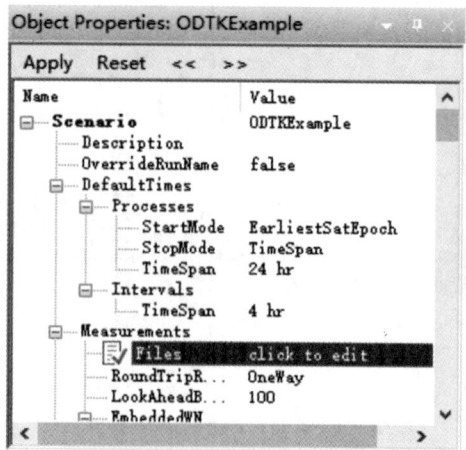

图 5-10　测量数据文件生效

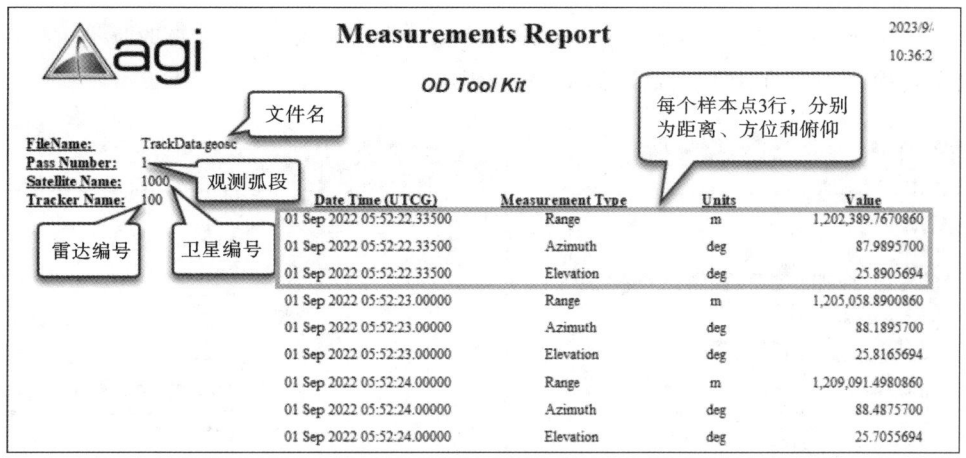

图 5-11 测量数据预览

（9）点击工具栏上"对象添加"按钮旁边的下拉菜单，选择"Satellite"，再点击"Insert"按钮，建立一个卫星对象，如图 5-12 所示，重命名为"Sat"。

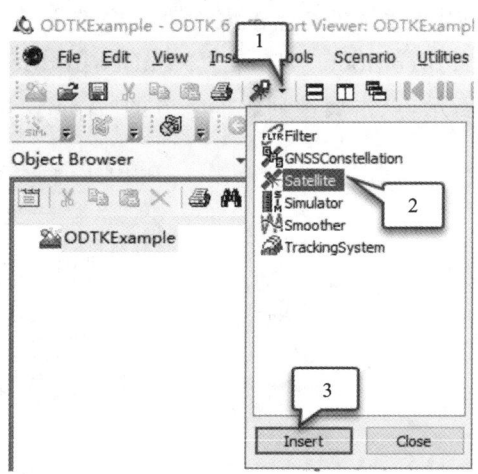

图 5-12 添加卫星对象

（10）在"Object Browser"中双击"Sat"对象，在右侧的属性列表框中选择"Satellite""OrbitState"属性，按表 5-1 修改相关参数（参数值与第 3 章的目标仿真一致），修改结果如图 5-13 所示（注意图中的轨道根数目前是无效的，将由后续定轨结果改写）。

表 5-1 雷达站址设置

名　　称	意　　义	设 置 参 数
OrbitState	轨道根数类型	Keplerian
OrbitState→CoordFrame	轨道根数所用坐标系	ICRF
OrbitState→Epoch	轨道根数的历元	1 Sep 2022 04：00：00.000 UTCG

（11）选择"Satellite""MeasurementProcessing""TrackingID"，修改属性值为 1000（与数据转换时卫星标识号一致），如图 5-14 所示。

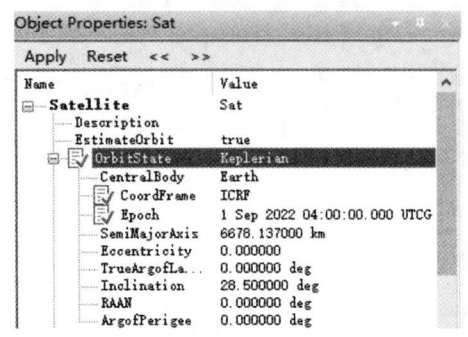

图 5-13　卫星轨道根数修改结果

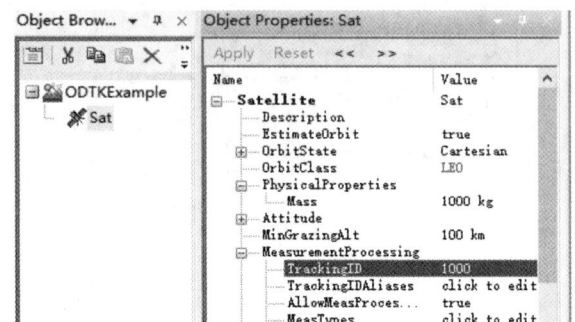

图 5-14　修改卫星编号

（12）选择"Satellite""ForceModel""Gravity""ThirdBodies""Settings"，点击右侧的"click to edit"，弹出如图 5-15 所示的对话框，点击"Remove All"（即不考虑第三体引力摄动），再点击"OK"按钮回到主界面，接着点击属性列表框上方的"Apply"按钮生效。

（13）选择"Satellite""ForceModel""Drag""AtmDensityModel"，设置属性值为"Jacchia-Roberts"，如图 5-16 所示，点击属性列表框上方的"Apply"按钮生效。

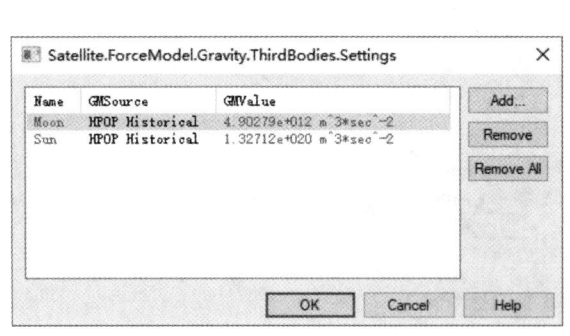

图 5-15　设置三体摄动

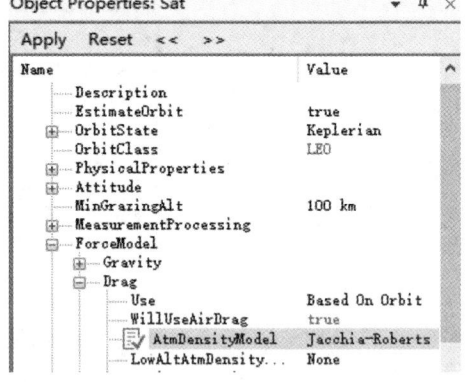

图 5-16　设置大气密度模型

（14）选择"Satellite""ForceModel""SolarPressure""Use"，设置属性值为"No"，如图 5-17 所示，点击属性列表框上方的"Apply"按钮生效。

（15）点击工具栏上"对象添加"按钮旁边的下拉菜单，选择"TrackingSystem"，再点击"Insert"按钮，建立测站组，如图 5-18 所示。

（16）选中"Object Browser"栏中的"TrackingSystem1"对象，然后在其下面添加"Facility"对象，新建一个测站，重命名为"Fac"，如图 5-19 所示。

（17）在"Object Browser"中双击"Fac"对象，在右侧的属性列表框中选择"Facility"

"Position"属性,按表 5-2 修改相关参数(与第 4 章中雷达站址一致),修改结果如图 5-20 所示,点击"Apply"按钮生效。

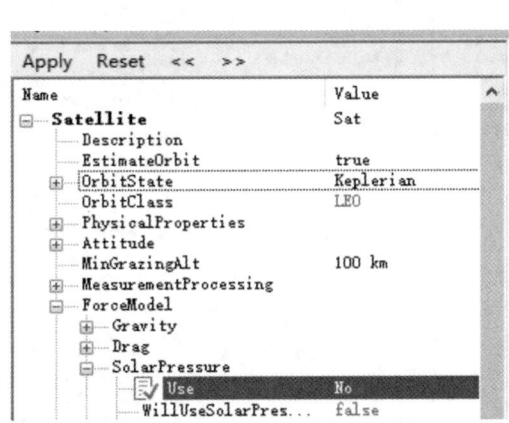

图 5-17　取消光压摄动

图 5-18　建立测站组

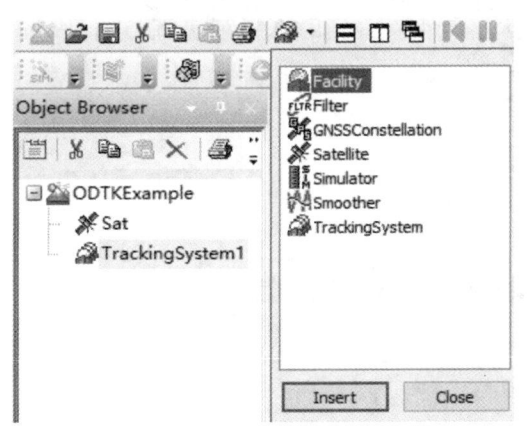

图 5-19　新建测站

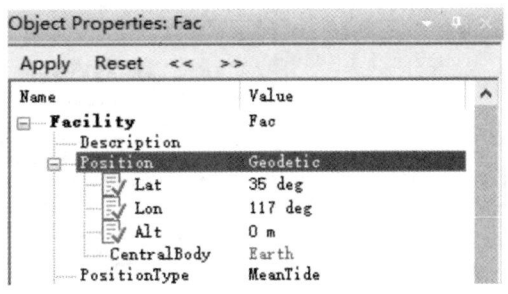

图 5-20　修改测站坐标

表 5-2　雷达站址设置

名　称	意　义	设 置 参 数
Lat	站址纬度	35deg
Lon	站址经度	117deg
Alt	站址高度	0 m

(18)选择"Facility""MeasurementProcessing""TrackingID",修改属性值为 100(与数据转换时雷达标识号一致),如图 5-21 所示。

（19）选中"Object Browser"栏中的"Sat"对象，然后在其下面添加 "InitialOrbitDe-termination"对象，为卫星新建一个初轨确定器，重命名为"Iod"，如图 5-22 所示。

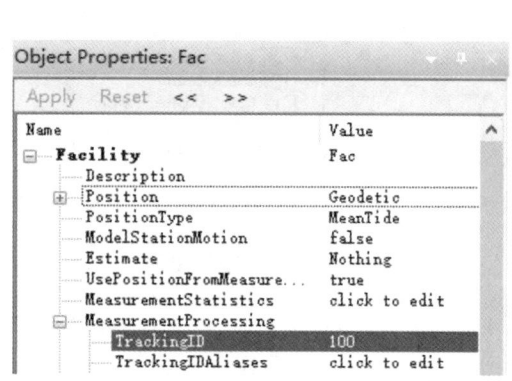

图 5-21　修改测站编号　　　　　　　　图 5-22　新建初轨确定器

（20）在"Object Browser"中双击"Iod"对象，在右侧的属性列表框中选择"InitialOr-bitDetermination""Method""SelectedFaclity"，点击属性值右侧的下拉列表框，选择"Fa-cility/Fac"，如图 5-23 图所示，再点击"Apply"按钮生效。

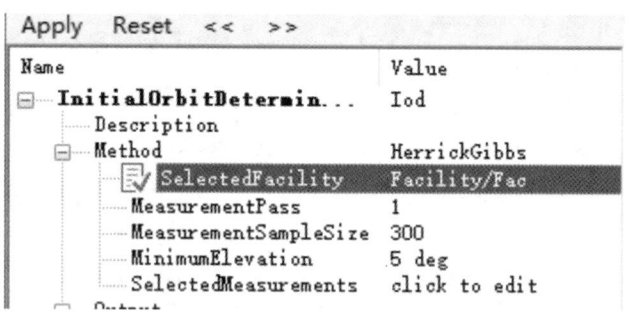

图 5-23　观测与初始轨道确定器关联

（21）在"Object Browser"中双击"Iod"对象，在右侧的属性列表框中选择"InitialOr-bitDetermination""Method""SelectedMeasurements"属性，点击右侧的"click to edit"，弹出数据选择对话框，点击右侧的"Add"按钮，可浏览全部观测数据，选择时间间隔适当的三个数据点，如图 5-24 所示，点击"OK"按钮，回到上一界面再点击"OK"按钮，接着点击"Apply"按钮生效。

（22）点击主界面工具栏上的运行按钮" ▶ "，再点击"Iod"对象的"InitialOrbitDeter-mination""Output""OrbitState"属性，将给出初轨确定结果（选择 Keplerian 轨道根数方式查看），如图 5-25 所示。

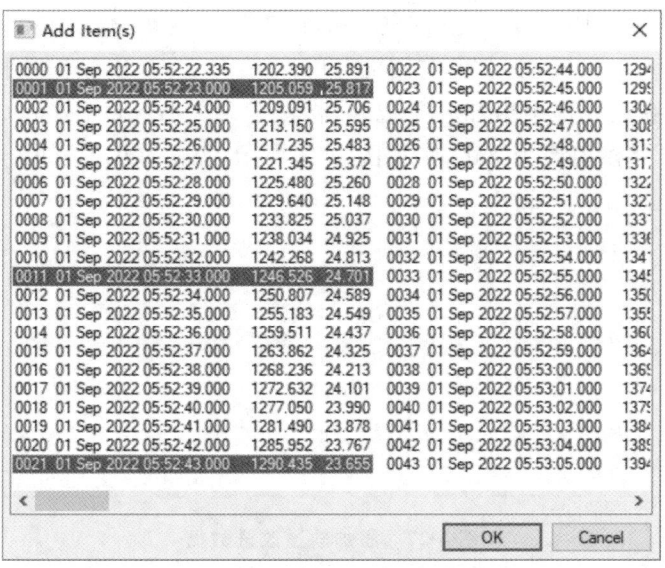

图 5-24　初轨确定数据选择对话框(选择 3 点)

（23）点击主界面工具栏上"Transfer to Satellite"按钮" ",将定轨结果赋值给卫星对象。

（24）选中"Object Browser"栏中的"Sat"对象,然后在其下面添加"LeastSquares"对象,为卫星新建一个最小二乘轨道改进器,重命名为"Lsq",如图 5-26 所示。

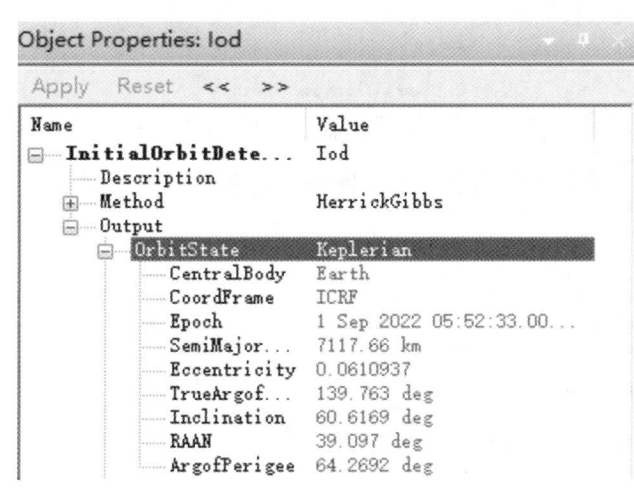

图 5-25　初轨确定结果

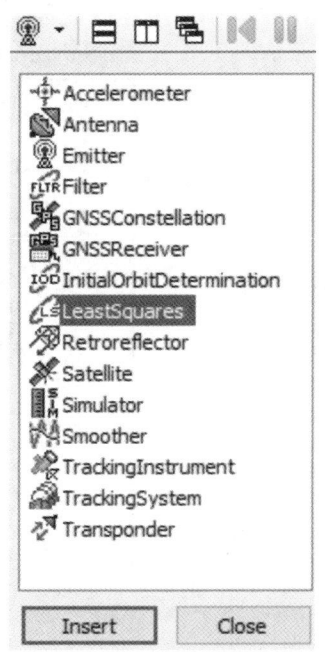

图 5-26　新建最小二乘轨道改进器

141

（25）在"Object Browser"中双击"Lsq"对象，在右侧的属性列表框中选择"LeastSquares""Stages"属性，点击右侧的"click to edit"，弹出数据选择对话框，点击右侧的"Add"按钮，在列表框中增加一条记录，将该记录的"DataFrequency"字段值改为"1 sec"，"SigmaEdit"字段值改为"false"，如图 5-27 所示，点击"OK"按钮，再点击"Apply"按钮生效。

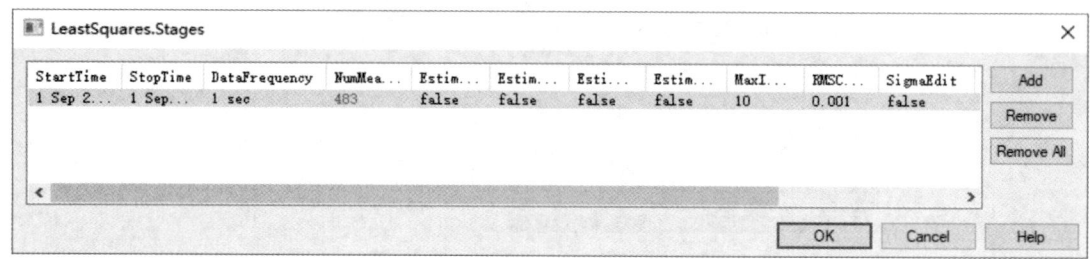

图 5-27　添加轨道改进数据

（26）修改"LeastSquares""EpochControl""EpochLocation"属性值为"User Defined"，再修改"LeastSquares""EpochControl""SolutionEpoch"属性值为"1 Sep 2022 04：00：00.000 UTCG"，点击"Apply"按钮生效。

（27）点击主界面工具栏上的运行按钮" ▶ "，再点击"Lsq"对象的"LeastSquares""Output""OrbitState"属性，将给出轨道改进的结果（选择 Keplerian 轨道根数方式查看），如图 5-28 所示。

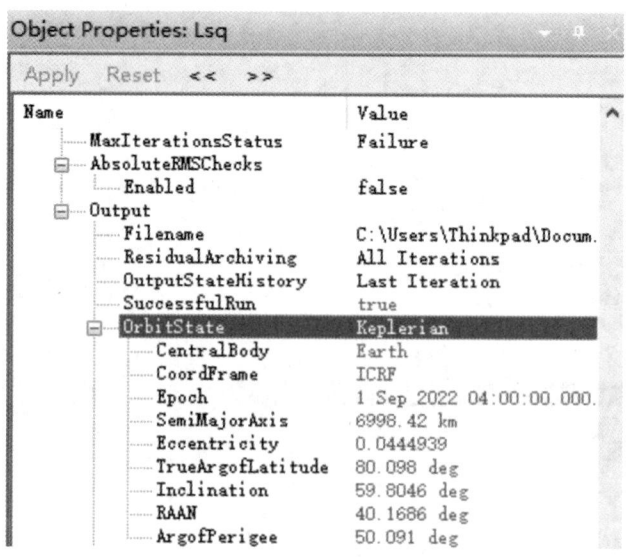

图 5-28　轨道改进结果

（28）点击 ODTK 工具栏保存按钮" 🖫 "，保存场景。

5.4.3　仿真分析

查看图 5-28 所示的改进轨道根数,发现没有真近点角参数,取而代之的是升交角距参数"TrueArgofLatitude"(等于真近点角和近地点幅角之和),其原因是 ODTK 考虑到真近点角和近地点幅角两个轨道根数在近圆轨道计算时误差较大。经计算可得本仿真用例中的真近点角为 $80.098° - 50.091° = 30.007°$。

表 5-3 给出了轨道根数的仿真设定值和定轨确定值,从中可知只有偏心率的相对误差较大,其原因是偏心率的仿真值本身很小且有雷达观测误差,但其绝对误差仍可接受。

表 5-3　轨道根数的仿真设定值与定轨确定值

名　称	仿真设定值(第 3 章)	轨道确定值(第 5 章)	相 对 误 差
历元时刻	1 Sep 2022 04:00:00.000 UTCG	1 Sep 2022 04:00:00.000 UTCG	—
半长轴	7000 km	6998.42 km	0.023%
偏心率	0.05	0.0445	11%
轨道倾角	60°	59.8046°	0.326%
近地点幅角	50°	50.091°	0.182%
升交点赤经	40°	40.1686°	0.422%
真近点角	30°	30.007°	0.023%

另外,从仿真实验中观察到,初轨的准确性对轨道改进的收敛速度影响较大。因此,在用 HerrickGibbs 方法进行初轨计算时,3 个数据点的时间间隔应当适中,过大或过小都会导致初轨结果偏离真实值过大,从而影响轨道改进的收敛速度,甚至导致收敛失败。

练　习　题

1. 简述轨道预报中的解析法和数值法的区别。
2. 简述 SGP4/SDP4 轨道预报模型的特点与适用范围。
3. 简述轨道改进的概念和目的。
4. 请描述最小二乘轨道改进的原理。
5. 影响轨道确定精度的误差源有哪些? 实际应用时如何考虑?

第6章

相控阵雷达空间目标编目

相控阵雷达是先进的探测设备，对空间目标编目发挥着关键作用。它收集各种观测数据和外部情报，精确测定空间目标的物理参数，并整合到完整数据库中。相控阵雷达具有高精度和高分辨率特性，可以快速、准确地识别和跟踪空间目标，获取详细信息并建立准确数据库。编目数据库可用于预报碰撞和陨落，为空间任务提供信息保障，也可用于战场态势分析、作战筹划和星弹分选。相控阵雷达信息是空间目标监视的核心资源，有助于了解和掌握空间目标的动态变化和相互关系，为决策者提供关键决策依据和行动方案。

本章首先介绍了空间目标编目的基本概念，然后详细介绍了常用的空间目标编目数据库，并简要阐述了空间目标编目和轨道匹配的基本流程。最后，通过设计仿真用例，对基于编目数据库和轨道匹配准则的空间目标识别问题进行了深入研究。

6.1 空间目标编目的基本概念

为了应对不同任务需求，空间目标监视雷达需要具备多种数据库类型，如点迹库、航迹库、自编目库、TLE 编目库、非关联目标（Uncorrelated Target，UCT）编目库、目标分类库、轨道样本库、过境信息库等。当雷达发现新目标时，虽然有观测数据，但还不知道是什么目标，需要利用观测数据进一步对目标进行匹配、识别和归类，把目标数据放到对应的数据库中。

依照编目对象的类别，空间目标编目大致可分为以下三种不同情况。

（1）对新目标的编目。

若目标为首次观测到的目标，那么在数据库中还没有相应的条目，此时需要建立新目标的条目,并将相关数据统一存储,同时在接下来的观测中不断更新。

(2) 对已知目标的编目。

若观测数据与编目库中某个已知目标相匹配,则需更新该目标的轨道参数和历史观测数据。由于摄动和机动等因素,空间目标轨道根数会变化,需持续更新以避免误差积累导致无法准确匹配新观测数据,确保目标正确识别。对前期数据有限、存在识别错误的目标,如轨道特性相近的目标误编为同一目标或类型识别错误等,也需根据后续观测进行检验和修正。此更新和修正过程称为编目维持。

(3) 对陨落目标的编目。

编目数据库中的目标并不是只增不减的,对观测并确认的陨落目标,在数据库中也需要做相应处理。对确定陨落的目标,需要将编目库数据中相关数据(如轨道根数、历史观测数据等)转移到陨落目标库中,并从编目数据库中删除相应条目。

一般来说,空间目标编目需要具备以下前提条件。

(1) 具有强大的空间目标监视网。

空间目标的数量数以万计,且 90% 以上都是无源的非合作目标,因此,编目观测必须要有强大的空间目标监视网支持。

(2) 设备端和中心均能进行空间目标关联工作。

空间目标编目的首要任务是弄清观测的是什么目标,并与编目数据库中的数据对应起来。一般而言,90% 的编目工作都可以在设备端直接进行,但也可以由空间目标监视中心统合多个观测站的观测数据完成编目。

(3) 能及时更新和维护编目数据库。

轨道预报的精度随预报时间的增加快速降低,这就要求对编目数据库中的目标进行持续跟踪,及时更新轨道数据,否则数据库很快就会失去作用。

6.2 空间目标编目的数据库

空间目标编目的过程和方法与采用的数据库相关,不同的数据库对应的编目方法和流程也不同。空间目标数据库有很多种,以远程相控阵雷达为例,与编目相关的数据库主要包括以下数据库。

(1) 自编目库。

自编目库是指通过长期积累的观测数据构建的编目数据库,其数据主要来源雷达长期观测。一般来说,每一部承担空间目标监视任务的远程相控阵雷达都具备自己的编目数据库,同时也是最重要的一个数据库。

(2) TLE 编目库。

TLE 编目库是基于美国 NASA 的空间目标编目数据信息构建的数据库,其数据主要来源美国空间目标监视网观测积累的空间目标数据,目标的轨道根数以 TLE 格式存储。到目前为止，NASA 的空间目标数据库依然是世界上最全面、最准确的空间目标数据库，对自编目库可以起到很好的验证和引导编目作用。

（3）UCT 编目库。

UCT 编目库主要用来存放还未与已知目标匹配的目标数据。在进行空间目标观测时，实际观测得到的数据有时会无法与现有的编目数据库成功匹配，但又不足以确定为新目标。此时会将相关数据进行编目并存储到 UCT 编目库中，以期与其他时段或者其他雷达观测数据进行关联印证。一般情况下高轨道目标的 UCT 数据会保留 60 天，低轨道目标的 UCT 数据会保留 30 天。

TLE 编目库和 UCT 编目库的主要作用是对自编目库进行维持和扩充，TLE 编目库为自编目库提供参考和引导，可以帮助自编目库更有效率地进行编目。UCT 编目库是一种保护措施，也是自编目库中新目标形成的中继站。观测数据首先与自编目库进行匹配，匹配失败后再依次与 TLE 编目库和 UCT 编目库进行匹配。与三个数据库都匹配失败的目标称为暂控目标，暂控目标将生成一条新的编目信息存入 UCT 编目库中。

空间目标编目数据库中存储的数据种类很多，在编目中主要用到的是两种数据：轨道根数数据和航迹数据，不同装备的数据库格式并不统一，表 6-1 是轨道根数数据格式示例，表 6-2 是航迹数据格式示例。

表 6-1　自编目库中的轨道根数数据格式

名　称	数 据 类 型	数 据 示 例	注　释
CATALOG_ID	NUMBER(8)	164654	目标编号
CATALOG_NO	NUMBER(15)	10203134	编目号
INSERTTIME	TIMESTAMP(3)	19-6-16 13.00.00.000	最近一次定轨时间
ORBITTIME	TIMESTAMP(3)	19-6-16 12.37.00.000	最近一次观测时间
TARGET_INTERNAL_NO	NUMBER(6)	39453	国际编号
TEMPORAY_MANAGE_NO	NUMBER(15)	10203134	暂管编号
ORBIT_PARA0	BINARY_DOUBLE	1.069034813	半长轴
ORBIT_PARA1	BINARY_DOUBLE	0.002833318	偏心率
ORBIT_PARA2	BINARY_DOUBLE	1.524221663	轨道倾角
ORBIT_PARA3	BINARY_DOUBLE	5.242210416	升交点赤经
ORBIT_PARA4	BINARY_DOUBLE	0.748981555	近地点幅角
ORBIT_PARA5	BINARY_DOUBLE	1.995516325	过近地点时刻
ORBIT_PARA6	BINARY_DOUBLE	0	基准时间
ORBIT_PARA7	BINARY_DOUBLE	6023.5	开始时间
ORBIT_PARA8	BINARY_DOUBLE	0.193591157	偏近点角
DNDT	BINARY_DOUBLE	0	平运动加速度
RCS	BINARY_DOUBLE	0.315703	散射截面面积

表 6-2　自编目库中的航迹数据格式

名　　称	数 据 类 型	数 据 示 例	注　　释
TRACK_ID	NUMBER(18)	214671	航迹编号
LSH	NUMBER(10)	21	航迹流水号
PH	NUMBER(8)	1052	目标批号
TEMPORAY_MANAGE_NO	NUMBER(15)	10203151	暂管编号
TARGET_INTERNAL_NO	NUMBER(6)	22392	国际编号
STARTTIME	TIMESTAMP(3)	30-6-16 22.27.00.000	航迹起始时间
ENDTIME	TIMESTAMP(3)	30-6-16 22.49.00.000	航迹结束时间
INSERTTIME	TIMESTAMP(3)	30-6-16 22.56.00.000	最近一次定轨时间
ORBITTIME	TIMESTAMP(3)	30-6-16 22.27.00.000	最近一次观测时间
ISSIM	NUMBER(1)	1	目标类型
PTNUM	NUMBER(5)	112	航迹点数
TRACK_DATA	BLOB	⋯	航迹数据块
MEAN_RCS	BINARY_DOUBLE	0.417032	平均 RCS

6.3　空间目标编目的基本流程

空间目标编目的基本流程如图 6-1 所示,在空间目标被相控阵雷达发现并获取观测数据的基础上,经过初始轨道确定后,就可以开始进行匹配和编目操作。具体步骤如下。

(1) 自编目库匹配。

将观测数据以及目标的初始轨道根数与自编目库中的目标数据进行轨道匹配,若匹配成功(关联目标数目为 1),则进行编目维持,即在自编目数据库中更新对应目标的数据,主要操作包括更新轨道根数,添加历史航迹数据等;若匹配失败,则说明在自编目库中找不到对应目标,此时有三种可能:一是数据库有该目标,但因为各种误差的存在无法匹配成功;二是自编目库中并没有该目标;三是匹配到的目标多于 1 个。这几种情况都算自编目库匹配失败,此时进入下一个 TLE 编目库匹配环节处理。

(2) TLE 编目库匹配。

自编目库匹配失败时,会转向 TLE 编目库匹配。此时,将观测数据与 TLE 编目库中的目标轨道数据进行匹配。若匹配成功,则说明目标在 TLE 编目库中有记录,可进行TLE 引导编目,更新自编目库数据。若自编目库中无此目标,则根据 TLE 编目库数据添加相应目标条目和数据。若编目库中有对应目标数据,则更新相关数据。匹配失败时,将进行 UCT 编目库匹配。TLE 编目库匹配非必经流程,为可选操作,如果不选则直接进入 UCT 编目库匹配。

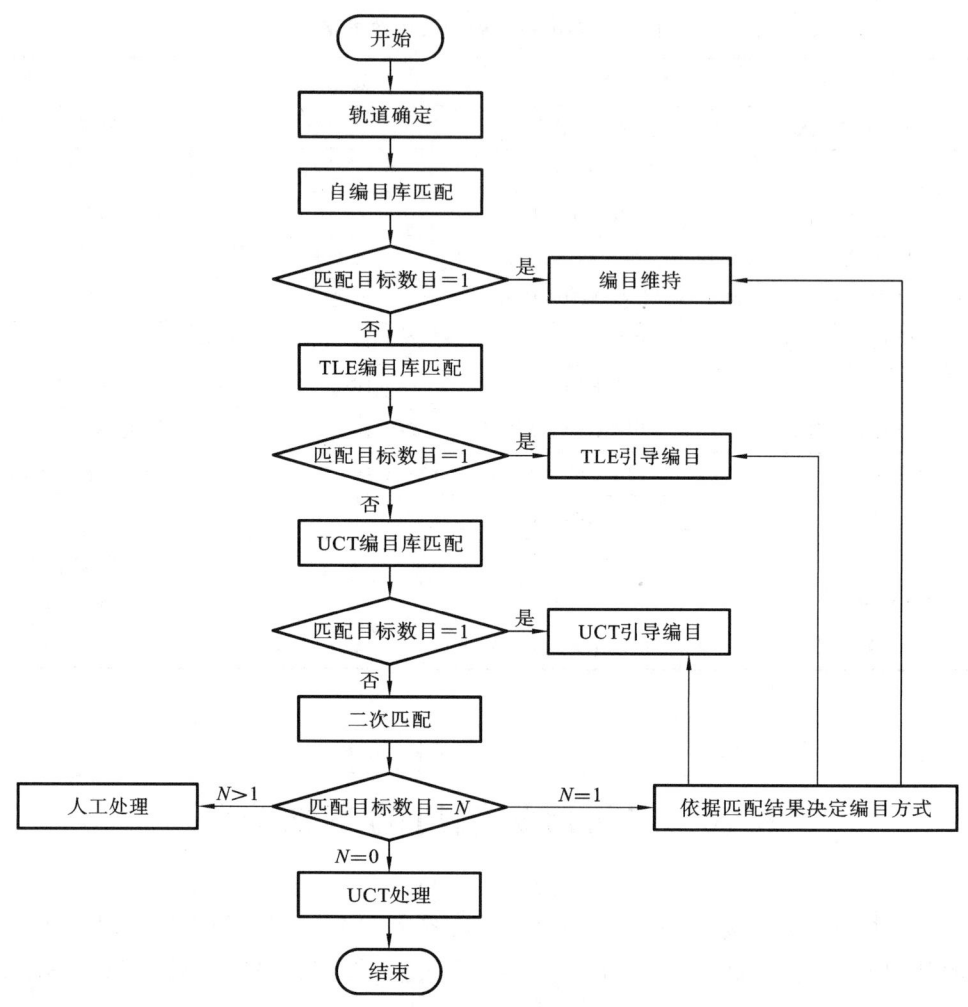

图 6-1　空间目标编目的基本流程

（3）UCT 编目库匹配。

当自编目库和 TLE 编目库都匹配失败时，会将观测数据以及目标的轨道根数与 UCT 编目库中的目标数据进行匹配。UCT 编目数据库主要用来存放暂时无法与自编目库和 TLE 编目库匹配成功，并且无法确认是否为新目标的观测数据。若观测数据与 UCT 编目数据库匹配成功，则说明该目标至少已经被观测过一次且记录在 UCT 编目库中了，此时结合新的观测数据相互印证，就可以确定是否观测到了新目标。当确认为新目标后，将进行 UCT 引导编目，即依据 UCT 中记录的数据在自编目库中添加新的条目，并将 UCT 中对应数据转移到自编目库中，然后从 UCT 编目库中删除该目标数据。若匹配失败，则说明 UCT 编目库中不存在对应目标。UCT 编目库也并非必需流程，属于可选项目，如果不选择进行 UCT 编目库匹配，则直接进入二次匹配。

（4）二次匹配。

若该目标数据对自编目库、TLE 编目库和 UCT 编目库全部匹配失败，会通过增加观测数据量以及调整门限的方式尝试进行二次匹配，这种"保险"措施是考虑到之前的匹配过程中,可能存在门限设置过于严格,而观测误差较大使得观测数据被排除在合格目标之外的情况。二次匹配的过程和前面的匹配过程相同,但相应的门限参数设置会略微放宽一些。若匹配成功,则更新数据库;若匹配失败,则转入 UCT 处理。

（5）UCT 处理。

若经过二次匹配后还是无法匹配成功,那么该目标可能是一个新目标,也可能仅仅是因为某些临时的观测异常导致的假目标,为进一步确认,需要将该数据进行 UCT 处理,即将目标相关数据进行临时编目,存入 UCT 编目库中保存,当再次观测到该目标并与 UCT 编目库匹配成功后,则判定为新目标,若在设定时间范围内没有再次观测到目标并匹配成功,则认为这次观测结果是观测异常导致的假目标,此时会删除 UCT 编目库中相应条目和数据。

（6）人工处理。

在匹配过程中,若关联目标数目多于一个,则说明存在多个相似目标轨道,难以自动区分。这种情况称为匹配模糊,需人工介入处理。对于因各种原因导致匹配失败的少数目标,分析人员需结合自身经验和知识进行处理。通过调整筛选、模型和迭代次数等方法优化轨道确定,并再次进行轨道匹配,以确定目标的属性。

6.4　轨道匹配的基本流程

轨道匹配是指将观测数据和数据库中的轨道数据进行对比分析,判断其是否为同一目标的过程。轨道匹配是数据关联中的一种重要形式,也是空间目标编目得以实现的关键步骤。依照匹配采用的编目库不同,轨道匹配的流程可以分成三种:自编目库匹配、TLE 编目库匹配和 UCT 编目库匹配。

6.4.1　自编目库匹配具体流程

自编目库匹配流程如图 6-2 所示,其中的关键是匹配过程中的一系列门限设置。门限是一个数值,但是这个数值不是固定的,它与对应的参数相关,这些门限的设定是依据以往匹配效果的反馈经验不断调整的,一般无法事先通过理论公式直接计算最佳值,因此这一类的门限往往是通过不断的技术实践积累确定的。

首先,利用航迹数据确定初始轨道根数,并设立识别门限进行初步筛选。在筛选过程中,主要考虑半长轴、轨道倾角和升交点赤经这三个关键参数。如果初步筛选没有找到任何关联目标,则本次轨道匹配失败。如果关联目标数大于 0,将继续进行下一个环节的筛选。

经过初步筛选得到的关联目标数目一般不超过 10 个,可以依次使用关联目标的轨道根数进行轨道预报,形成对应观测时间的预报航迹,再用预报航迹和实际观测数据进行对比,计算预报偏差,并根据偏差进行航迹匹配。经过这一轮筛选后,若关联目标数目

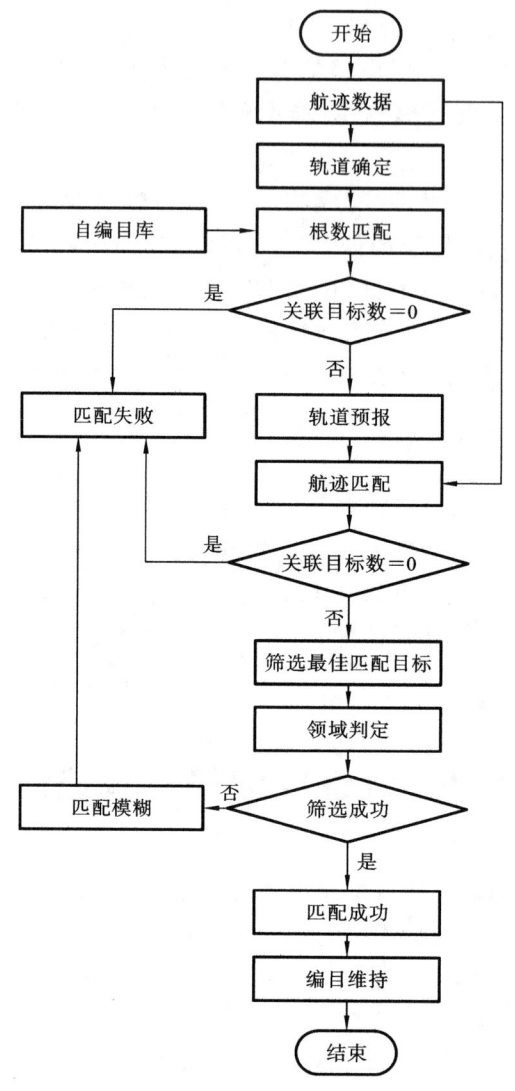

图 6-2 自编目库匹配流程

为 0,则认为匹配失败;若关联目标数不等于 0,则从满足条件的目标中挑选最佳匹配目标,这个目标一般选择位置误差最小的一个,再以该目标为中心,设置门限进行邻域判定,若邻域范围内还有其他目标,说明存在匹配模糊,则判为匹配失败;若邻域范围内无其他目标,则匹配成功,进入编目维持流程。

6.4.2 TLE 编目库匹配具体流程

TLE 编目库匹配流程如图 6-3 所示,首先利用当前观测数据进行轨道确定求得初始轨道根数,然后根据轨道根数匹配门限,遍历 TLE 编目库中所有目标进行初步筛选,若关联目标数为 0,则本次匹配失败;若关联目标数不等于 0,则进入下一步操作。

利用第一轮筛选出来的目标轨道根数进行轨道预报,将预报航迹和实测航迹数据进

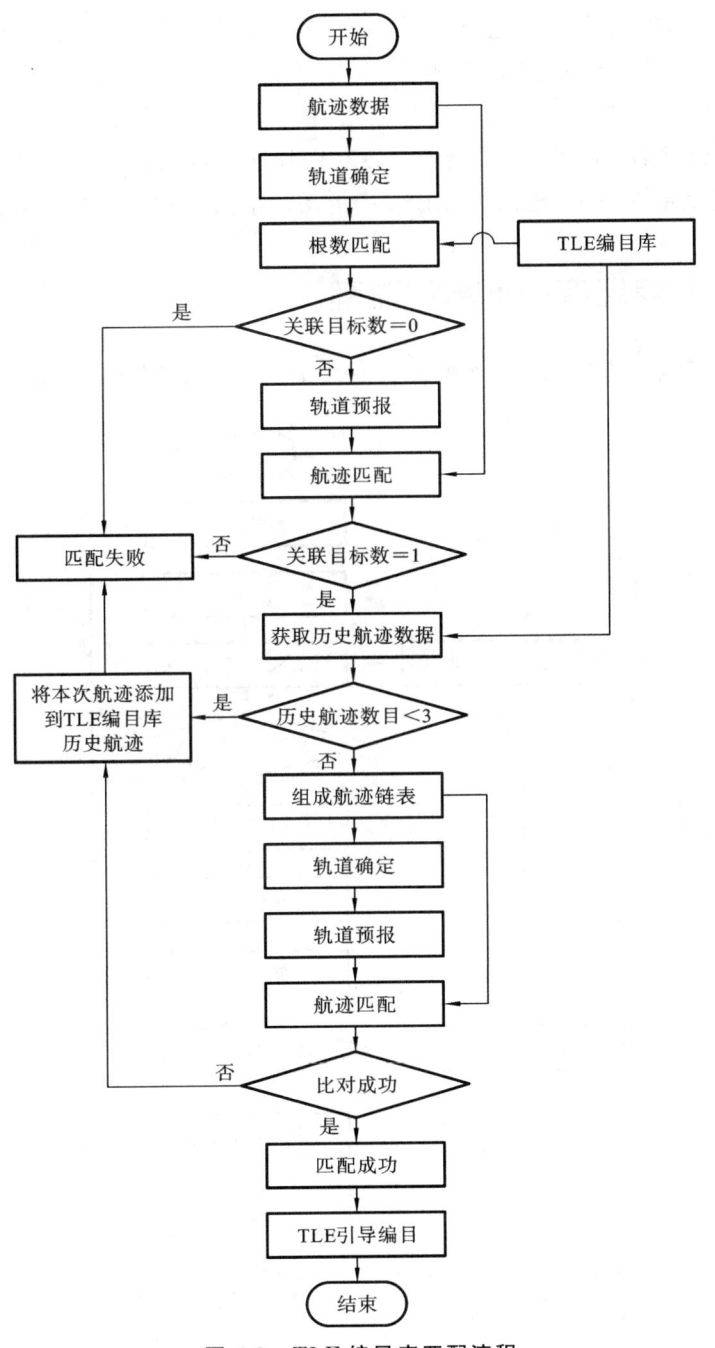

图 6-3 TLE 编目库匹配流程

行对比,根据航迹匹配门限进一步筛选目标,若关联目标数不等于1,认为匹配失败,仅当关联目标数为 1 时认为匹配成功。接下来查看该目标在 TLE 编目库中的历史航迹,若历史航迹数目小于一定数量(一般为 3 次),就将本次航迹数据添加到 TLE 编目库中,并判断本次匹配失败;若历史航迹数目满足要求且与本次观测时间相差不大,则将全部历史航迹数据和本次航迹数据组成航迹链表,再次进行轨道确定(一般情况下,数据越多定轨精度越高),用新的轨道根数进行轨道预报,并计算预报偏差。若最终偏差不满足要求,则匹配失败,若达到要求,则匹配成功。

TLE编目库匹配成功说明该观测数据对应的目标在自编目库中尚未记录,但是在TLE库中是有记录的,同时也通过最新观测数据验证了目标真实存在,此时进行TLE引导编目,将最终确定的轨道根数和TLE库中的历史航迹数据新增到自编目库中。

6.4.3 UCT 编目库匹配具体流程

UCT 编目库匹配流程如图 6-4 所示。首先利用航迹数据通过轨道确定求得初始轨

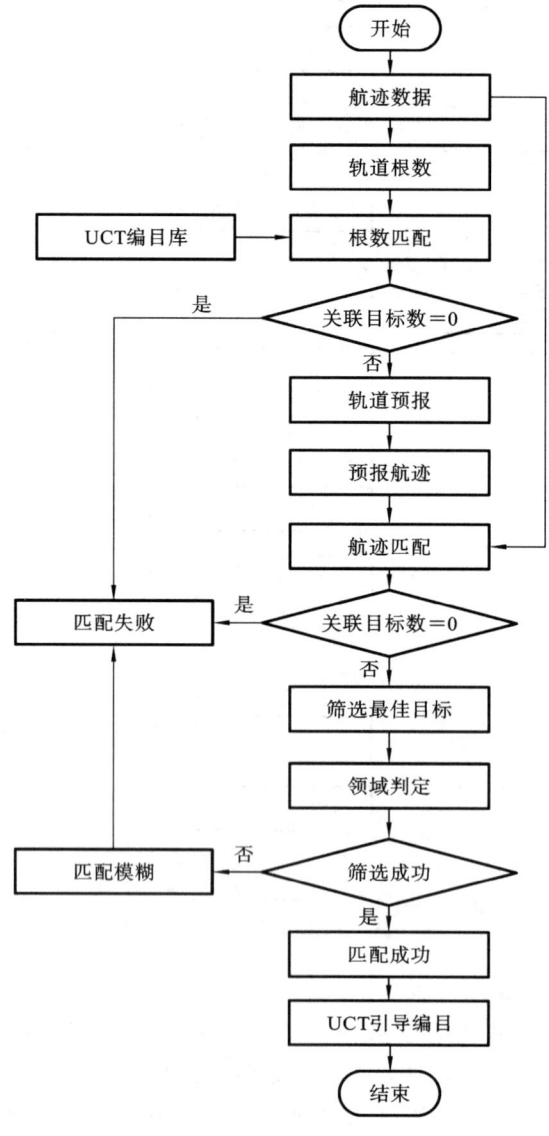

图 6-4 UCT 编目库匹配流程

道根数,然后根据轨道根数匹配门限,与 UCT 编目库中的目标轨道根数进行根数匹配,完成初步筛选。若关联目标数为 0,则本次匹配失败;若关联目标数不等于 0,则依次使用关联目标的轨道根数进行轨道预报,形成对应观测时间的预报航迹,然后再用预报航迹和实际观测数据进行对比,计算预报偏差,并根据偏差进行航迹匹配。经过筛选后,若关联目标数为 0,则认为匹配失败;若关联目标数不等于 0,再从满足条件的目标中挑选最佳匹配目标。以该目标为中心,设置门限进行邻域判定,若邻域范围内还有其他目标,说明存在匹配模糊,匹配失败;若邻域范围内无其他目标,则匹配成功,开始进行 UCT 引导编目。

若 UCT 编目库匹配成功,意味着观测到的目标在自编目库中无记录但在 UCT 库中有。这表示该目标是之前观测但未能成功匹配的。匹配成功证实目标已被两次观测,满足新目标编目条件。因此,自编目库将新增此目标数据,并从 UCT 库中移除,实现数据更新。

6.5　仿　真　应　用

本节研究利用空间目标编目库进行目标识别的基本方法和操作步骤。

6.5.1　仿真用例

空间目标的六个轨道根数决定了其运行规律,是识别的重要依据。通过将观测数据与编目库中的轨道根数匹配,可实现空间目标识别。以一颗实际星链卫星为例,从SpaceTrack 网站获取它的星历[36],参照第 3、4 章中仿真案例的目标建模和定轨方法,计算目标的轨道根数,然后与数据库中的目标进行匹配识别。区别在于目标仿真时的轨道预报模型选为"SGP4",具体设置方法可参考 STK 的帮助文档。轨道匹配模型是识别的核心,下面具体介绍。

首先给出匹配识别的公式,即

$$\sum_{i=1}^{6} w_i \delta_i \leqslant T \tag{6-1}$$

式中:δ_i 为待识别目标相对编目库中样本的轨道根数误差,$i=1,\cdots,6$,分别表示半长轴 a、偏心率 e、轨道倾角 i、升交点赤经 Ω、近地点幅角 ω 和升交角距 L(可与真近点角进行互算);w_i 为六个权重系数,满足 $w_1+w_2+w_3+w_4+w_5+w_6=1$;$T$ 为比较门限。如果满足式(6-1),则目标匹配成功。

定轨相对误差 δ_i 由下式计算

$$\delta_i = \frac{|x_i^{\text{cal}} - x_i^{\text{exp}}|}{x_i^{\text{exp}}}, \quad i=1,\cdots,6 \tag{6-2}$$

式中：x_i^{cal} 为利用雷达观测数据定轨得到的目标轨道根数；x_i^{exp} 为样本库中的目标轨道根数。

权重系数 w_i 和比较门限 T 的设置是轨道匹配的关键，作者在文献[70]中提出了一种方法：利用 SpaceTrack 网站公布的空间目标数据库，根据雷达的威力范围（如 2000 km），从中选出 N 个近地点高度小于 2000 km 的目标作为样本库。设置雷达的站址和跟踪空域范围，依据雷达的测量精度，对这 N 个目标按 3σ 准则仿真得到带观测误差的距离、方位和俯仰数据（简称 RAE）。由 RAE 数据定轨获得这 N 个目标的轨道根数，然后按式（6-2）计算相对误差，这样对每个轨道根数都得到一个相对误差序列 δ_i^j（$i=1,\cdots,6$；$j=1,\cdots,N$），接着计算相对误差序列的标准差 σ_i，即

$$\sigma_i = \sqrt{\frac{\sum\limits_{j=1}^{N}\left(\delta_i^j - \frac{1}{N}\sum\limits_{k=1}^{N}\delta_i^k\right)^2}{N-1}}, \quad i=1,\cdots,6 \tag{6-3}$$

则各轨道根数的权重系数 w_i 可由下式计算获得

$$w_i = \frac{1/\sigma_i}{\sum\limits_{k=1}^{6} 1/\sigma_k}, \quad i=1,\cdots,6 \tag{6-4}$$

有了 w_i 后，可以对这 N 个目标分别计算参数 T^j（$j=1,\cdots,N$）

$$T^j = \sum\limits_{i=1}^{6} w_i \delta_i^j \tag{6-5}$$

然后计算它的均值 m_T 和标准差 σ_T，则比较门限 T 可由下式计算获得

$$T = m_T + (3\sim5)\sigma_T \tag{6-6}$$

根据上述识别方法，作者开发了"轨道匹配识别工具"软件。下面将具体介绍软件操作方法。

6.5.2 仿真操作

（1）进入网址"http://www.space-track.org/#ssr"，选择"Object in Orbit"下载 csv 格式的 SSR 数据，命名为"ssr_YYYYMMDD.csv"，"YYYYMMDD"表示当前日期，如"20230905"，进入"http://www.space-track.org/#recent"，选择"Full Catalog""Three Line"，下载 txt 格式的 TLE 数据，命名为"tle_YYYYMMDD.csv"。

（2）打开第 4 章的仿真场景，将仿真时段修改为 4 Sep 2022 00:00:00.000 UTCG 至 5 Sep 2022 00:00:00.000 UTCG，删除场景中所有的卫星目标。

（3）仿真一颗卫星，设置轨道模型为"SGP4"，对应目标为 TLE 数据中编号为 57388（2023-100C，STARLING 1）的星链卫星。

（4）参考第 4.6.2 节的方法，输出雷达对该目标的探测数据。

（5）参考第 5.4.2 节的方法，计算目标的轨道根数，将结果保存为"elementResult.xml"文件，文件格式如图 6-5 所示，它将作为轨道根数匹配识别的输入文件。

（6）打开轨道匹配识别工具软件，如图 6-6 所示，为确保匹配数据库最新，可用步骤（1）中下载的数据进行数据库升级。

（7）点击"SSR 更新"按钮，在弹出的文件选择对话框中选择"ssr_20230905.csv"，升级编目数据库。

（8）点击"TLE 更新"按钮，在弹出的文件选择对话框中选择"tle_20230905.csv"，升级目标的 TLE 根数。

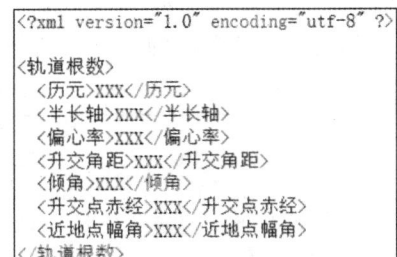

```
<?xml version="1.0" encoding="utf-8" ?>
<轨道根数>
  <历元>XXX</历元>
  <半长轴>XXX</半长轴>
  <偏心率>XXX</偏心率>
  <升交角距>XXX</升交角距>
  <倾角>XXX</倾角>
  <升交点赤经>XXX</升交点赤经>
  <近地点幅角>XXX</近地点幅角>
</轨道根数>
```

图 6-5　轨道根数输出文件格式

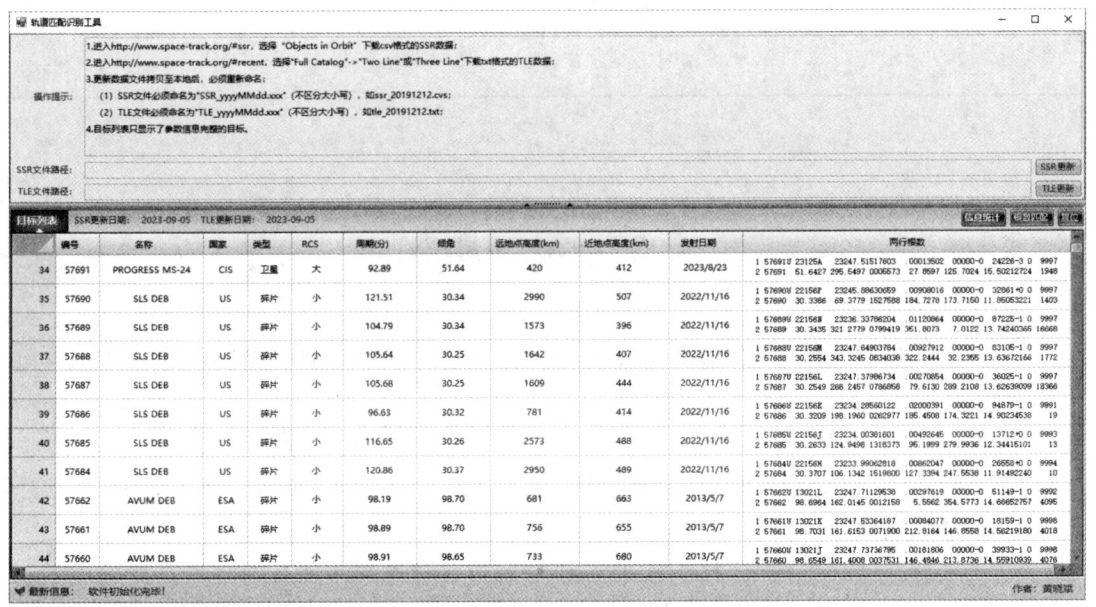

图 6-6　轨道匹配识别工具软件主界面

（9）点击"根数匹配"按钮，在弹出的文件选择对话框中选择"elementResult.xml"，软件根据 6.5.1 节描述的匹配准则，遍历编目库中所有目标，给出匹配结果。

6.5.3　仿真分析

使用 2023-09-05 的编目数据库，设置 $N=15119$，按照第 6.5.1 节的方法，计算权重系数可得 $w_1=0.402$，$w_2=0$，$w_3=0.293$，$w_4=0.227$，$w_5=0$，$w_6=0.078$；比较门限 $T=0.004$。注意到 w_1（对应半长轴）、w_3（对应轨道倾角）和 w_4（对应升交点赤经）比重较大，w_6（对应升交角距）次之，$w_2=0$（对应偏心率）和 $w_5=0$（对应近地点幅角 ω）几乎不考虑，这与实际情况一致，因为绝大多低轨道卫星为近圆轨道，此时偏心率和近地点幅角定轨效果并不理想。

表 6-3 给出了目标识别结果，其中定轨根数为仿真操作(5)的定轨结果，期望根数为编号 57388 星链卫星的实际轨道根数，识别成功说明轨道匹配算法是有效的。

表 6-3　目标识别结果

目标编号	期望根数	定轨根数	$\sum\limits_{i=1}^{6} w_i \delta_i$	匹配结果	识别结果
57388	$T=2023\text{-}09\text{-}04\ 06{:}42{:}32$ $a=6949.78\ \text{km}$ $e=0.00095$ $i=99.5155°$ $\Omega=22.495°$ $\omega=63.2043°$ $L=140.4309°$	$T=2023\text{-}09\text{-}04\ 06{:}42{:}32$ $a=6947.66\ \text{km}$ $e=0.00060$ $i=99.5114°$ $\Omega=22.504°$ $\omega=47.2000°$ $L=140.4340°$	$1.15×10^{-7}$	编号＝57388 名称＝STARLING 1 国家＝美国	成功

练　习　题

1. 依照编目对象的类别，空间目标编目大致可以分为三种不同情况，请简述这三种情况的处理方法。

2. 要完成空间目标编目，空间目标监视系统需要具备的前提条件有哪些？

3. 空间目标编目主要涉及三个数据库，请写出三个数据库的名称，并简述其特点。

4. 请简述空间目标编目的基本流程。

5. 在进行空间目标观测时，实际观测到的数据有时无法与现有的编目数据库中的目标匹配成功，但又不足以确定为新目标，此时应该如何处理？

REFERENCES

参考文献

［1］Reed J E. The AN/PFS-85 Radar System［J］. Proceeding of the IEEE，1969，57 （3）：324-335.

［2］孙涛，曹金坤，李琨. AN/FPS-85 雷达空间碎片监视能力分析［J］. 电信技术研究， 2012(1)：45-49.

［3］Settecerri T J，Skillicorn A D，Spikes P C. Analysis of the Eglin Radar Debris Fence［J］. Acta Astronautica，2004，54(3)：203-213.

［4］高梅国，付佗. 空间目标监视和测量雷达技术［M］. 北京：国防工业出版社，2017.

［5］Chorman P. Cobra Dane Space Surveillance Capabilities［C］//Proceedings of the 2000 Space Control Conference，2008：159-168.

［6］陈亚飞，翟志超，王学进. 美俄典型地基战略预警相控阵雷达系统比较分析［J］. 飞 航导弹，2016(10)：32-37.

［7］Haimerl J A，Fonder G P. Space fence system overview［C］//Proceedings of the Advanced Maui Optical and Space Surveillance Technology Conference. Curran Associates，Inc，2015：1-3.

［8］Lesturgie M，Eglizeaud J P，Auffray G，et al. The Last Decades and Future of Low Frequency Radar Concepts in France［C］//International Conference on Radar Systems，2004.

［9］李铁军，陆鹏程，马晓静，等. 基于 GRAVES 体制的电子篱笆系统设计［J］. 雷达科 学与技术，2012，10(2)：138-142.

［10］Analytical Graphics，Inc. Satellite Tool Kit (STK)［EB/OL］. (2021-04-13)［2023- 05-12］. https：//www. ansys. com/products/missions/ansys-stk.

［11］Air Force Research Laboratory. Advanced Framework for Simulation，Integration and Modeling (AFSIM)［EB/OL］. (2020-07-01)［2023-05-12］. https：//afsim. com/.

［12］NASA. The General Mission Analysis Tool (GMAT)［EB/OL］. (2020-05) ［2023-05-12］. https：//gmat. atlassian. net/wiki/spaces/GW/overview.

［13］NASA. Orbit Determination Toolbox(ODTBX)［EB/OL］. (2022-07-01)［2023- 05-12］. https：//sourceforge. net/projects/odtbx/.

[14] Mschweiger. Orbiter Spaceflight Simulator[EB/OL]. (2022-07-01)[2023-05-12]. https://orbit. medphys. ucl. ac. uk/.

[15] CNES. CelestLab-CNES Space Mechanics Toolbox for Scilab[EB/OL]. (2022-01-17)[2023-05-12]. http://atoms. scilab. org/toolboxes/celestlab.

[16] 丁溯泉,张波,刘世勇,等. STK 使用技巧及载人航天工程应用[M]. 北京:国防工业出版社,2016.

[17] Clive P D, Johnson J A, Moss M J, et al. Advanced framework for simulation, integration and modeling (AFSIM)[C]//Proceedings of the International Conference on Scientific Computing, 2015:73.

[18] Vallado D A,Hujsak R S, Johnson T M, et al. Orbit Determination Using ODTK Version 6[J]. Proceedings of the European Space Astronomy Centre, Madrid, Spain, 2010:3-6.

[19] Standards of Fundamental Astronomy[EB/OL]. (2023-10-13)[2023-10-20]. https://www. iausofa. org/.

[20] Aerospace Toolbox User's Guide[EB/OL]. [2022-12-02]. https://www. mathworks. com/help/aerotbx/index. html.

[21] 王威,于志坚. 航天器轨道确定——模型与算法[M]. 北京:国防工业出版社,1997.

[22] 李征航,魏二虎,王正涛. 空间大地测量学[M]. 武汉:武汉大学出版社,2010.

[23] 雷伟伟,张捍卫,李凯. 基于无旋转原点的参考系转换方法及其计算[J]. 飞行器测控学报,2016,35(4):276-285.

[24] Lieske J H, Lederle T, Fricke W, et al. Expression for the Precession Quantities Based upon the IAU (1976) System of Astronomical Constants [J]. Astronomy and Astrophysics, 1977, 58:1-16.

[25] Capitaine N, Wallace P T,Chapront J. Expressions for IAU 2000 Precession Quantities[J]. Astronomy & Astrophysics, 2003, 412(2):567-586.

[26] Capitaine N,Chapront J, Lambert S, et al. Expressions for the Celestial Intermediate Pole and Celestial Ephemeris Origin consistent with the IAU 2000A precession-nutation model[J]. Astronomy & Astrophysics, 2003, 400(3):1145-1154.

[27] Wallace P T, Capitaine N. Procedures Consistent with IAU 2006 Resolutions [J]. Astronomy & Astrophysics, 2006, 459(3):981-985.

[28] Vallado D A. Fundamentals of Astrodynamics and Applications[M]. 4th ed. New York:McGraw Hill, 2013.

[29] Dennis D McCarthy,Gérard Petit. IERS Conventions(2003)[EB/OL]. (2004-07)[2024-05-12]. https://www. iers. org/IERS/EN/Publications/TechnicalNotes/tn32. html-1. htm? nn=94912.

[30] Dennis D McCarthy. IERS Standards (1992)[EB/OL]. (1992-07)[2024-05-12]. ht-

tps://www.iers.org/IERS/EN/Publications/TechnicalNotes/tn13.html-1.htm?nn=94912.

[31] Gérard Petit，Brian Luzum．IERS Conventions (2010)[EB/OL].(2010-07)[2024-05-12].https://www.iers.org/IERS/EN/Publications/TechnicalNotes/tn36.html-1.htm? nn=94912.

[32] NASA's John C. Stennis Space Center. NASA's New Horizons reaches Pluto [J]. Lagniappe, 2015, 10(7):1-2.

[33] Oliver Montenbruck, Eberhard Gill. 卫星轨道——模型、方法和应用[M]. 王家松，祝开建，胡小工，译. 北京:国防工业出版社,2012.

[34] Jerry Jon Sellers, William J Astore, Robert B Giffen, et al. 理解航天:航天学入门 [M]. 张海云，李俊峰，译. 北京:清华大学出版社,2007.

[35] 刘林. 航天动力学引论[M]. 南京:南京大学出版社,2006.

[36] CFSCC. Two-Line Element Set[EB/OL]. [2023-09-05]. https://www.space-track.org/.

[37] Hoots F R, Roehrich R L. Spacetrack Report No. 3——Models for Propagation of the NORAD Element Sets[J]. Spacetrack Report, 1980,3(3):1-91.

[38] 刘林. 轨道力学基础[M]. 北京:高等教育出版社,2018.

[39] 袁建平，和兴锁. 航天器轨道机动动力学 [M]. 北京:中国宇航出版社,2010.

[40] 于小红，张雅声，李智. 发射弹道与轨道基础[M]. 北京:国防工业出版社,2007.

[41] 马林. 空间目标探测雷达技术[M]. 北京:电子工业出版社,2013.

[42] 马林，周琳. 预警系统协同探测技术研究[J]. 现代雷达,2020,42(12):1-6.

[43] 刘俊凯，高婷，吕金建. 反导预警雷达探测技术[M]. 武汉:华中科技大学出版社,2023.

[44] 张光义. 相控阵雷达原理[M]. 北京:电子工业出版社,2009.

[45] David K Barton. 现代雷达的雷达方程[M]. 俞静一，张宏伟，金雪，等，译. 北京:电子工业出版社,2016.

[46] Bassem R Mahafza. 雷达系统分析与设计(MATLAB 版)[M]. 3 版. 周万幸，胡明春，吴鸣亚，等，译. 北京:电子工业出版社,2016.

[47] 胡明春，王建明，孙俊，等. 雷达目标识别原理与实验技术[M]. 北京:国防工业出版社,2017.

[48] Baugh R A. 现代雷达的计算机控制[M]. 王连成，译. 北京:航空航天工业部第二研究院,1992.

[49] 胡卫东，郁文贤，卢建斌，等. 相控阵雷达资源管理的方法与理论[M]. 北京:国防工业出版社,2010.

[50] Mark A Richard. 雷达信号处理基础[M]. 2 版. 邢孟道，王彤，李真芳，等，译. 北京:电子工业出版社,2017.

[51] 蔡庆宇，张伯彦，曲洪权. 相控阵雷达数据处理教程[M]. 北京:电子工业出版

社，2011.

[52] 何友，修建娟，刘瑜，等. 雷达数据处理及应用[M]. 4 版. 北京:电子工业出版社，2022.

[53] Merrill I Skolnik. 雷达手册[M]. 3 版. 南京电子技术研究所,译. 北京:电子工业出版社，2010.

[54] Singer R A , Stein J J. An Optimal Tracking Filter for Processing Sensor Data of Imprecisely Determined Origin in Surveillance Systems[C]//1971 IEEE Conference on Decision and Control. IEEE, Miami Beach, FL, USA, 1971: 171-175.

[55] Bar-Shalom Y. Tracking in a Cluttered Environment with Probabilistic Data Association [J]. Automatica, 1975, 11(5):451-460.

[56] Bar-Shalom Y, Daum F, Huang J. The Probabilistic Data Association Filter[J]. IEEE Control Systems, 2010, 29(6):82-100.

[57] Fitzgerald R J. Development of Practical PDA Logic for Multitarget Tracking by Microprocessor[C]//1986 American Control Conference. IEEE, 1986: 889-898.

[58] Reid D. An Algorithm for Tracking Multiple Targets[J]. IEEE transactions on Automatic Control, 1979, 24(6): 843-854.

[59] 徐振来. 相控阵雷达数据处理[M]. 北京:国防工业出版社,2009.

[60] 刘林，汤靖师. 卫星轨道理论与应用[M]. 北京:电子工业出版社,2015.

[61] Hoots F R, Schumacher P W, Glover R A. History of Analytical Orbit Modeling in the US Space Surveillance System[J]. Journal of Guidance Control & Dynamics, 2012, 27(2):174-185.

[62] Brouwer D. Solution of the Problem of Artificial Satellite Theory Without Drag [J]. The Astronomical Journal, 1959, 64(9): 378-397.

[63] Kozai Y. The Motion of a Close Earth Satellite[J]. Astronomical Journal, 1959, 64(8): 367-377.

[64] Brouwer D, Hori G. Theoretical Evaluation of Atmospheric Drag Effects in the Motion of an Artificial Satellite[J]. Astronomical Journal, 1961, 66(5): 193-225.

[65] Cranford K. Analytical Drag Theory for the Artificial Satellite Problem[C]//Astrodynamics Conference, 1969:925.

[66] Lyddane R H. Eccentricities or Inclinations in the Brouwer Theory of the Artificial Satellite[J]. Astronomical Journal,1963, 68(8): 555-558.

[67] Howard D Curtis. 轨道力学[M]. 周建华,徐波,冯全胜,译. 北京:科学出版社,2009.

[68] 茅永兴. 航天器轨道确定的单位矢量法[M]. 北京:国防工业出版社,2009.

[69] 刘林，胡松杰，曹建峰. 航天器定轨理论与应用[M]. 北京:电子工业出版社,2015.

[70] 黄晓斌，张燕，肖锐，等. 空间目标的雷达定轨实时识别问题研究[J]. 雷达科学与技术,2021,19(1): 63-68.